세계전쟁사 부도

육군사관학교

세계전쟁사 부도

육군사관학교

황금알

수정증보판 머리말

전쟁사가들 사이에 '작전경과에 대한 수십 페이지의 설명이 한 장의 작전부도보다 못할 수 있다' 라는 말이 있습니다. 이렇듯 전쟁사 연구에서 부도의 중요성은 두말할 나위 없이 큽니다. 육군사관학교 사관생도 전사교육을 위해 『세계전쟁사』의 자매편으로 1996년에 처음 출판한 『세계전쟁사부도』가 생도들뿐만 아니라 여러 분야의 연구자들에게도 많은 도움을 주어왔다는 점에서 저자들은 작은 보람을 느껴 왔습니다. 그러나 출판 이후 발견된 몇 가지 오류는 항상 저자들의 마음을 편치 않게 했습니다.

이번 수정증보판은 그간 발견된 오류를 수정하고, 가장 최근에 발생한 큰 전쟁인 2003년 이라크전쟁 관련 부도를 보충했습니다. 이라크 전쟁은 현재까지도 진행 중이지만 2003년 3월에 시작되어 그해 4월 바그다드 점령으로 종결된 정규군 군사작전은 그 나름대로 분석될만한 충분한 가치가 있습니다. 그것이 1991-92년 걸프전 당시와 같은 작전지역에서 벌어졌으면서도 10년 사이의 군사기술의 발전과 작전수행 양상에서 큰 변화를 보여주었기 때문입니다. 물론 이라크전쟁에 대한 종합적 평가는 전쟁이 완전히 종결될 때까지 기다려야 하겠지만, 새롭게 전개된 정규작전에 관한 연구는 미룰 수 없습니다. 이라크전쟁을 포함해 앞으로도 저희 학과는 좀더 충실한 『세계전쟁사부도』를 만들기 위해 노력할 것을 다짐합니다.

끝으로 수정증보판이 나오기까지 아낌없는 격려를 보내주신 육군사관학교 학교장님과 교수부장님께 깊이 감사드리며, 어려운 출판 여건 속에서도 흔쾌히 출판을 맡아주신 황금알 출판사의 김영탁 대표님께도 고마움을 표합니다.

2006. 12.
육군사관학교 군사사학과

머리말

인류역사는 전쟁으로 점철되어 왔다. 역사 속에 나타난 수 많은 민족과 국가의 흥망성쇠에 가장 영향을 주었던 것은 전쟁이었다.

나라마다 평화를 지키기 위해 아무리 노력해도 적대국이 나타나 침략을 단행할 때는 전쟁으로 맞서야 한다. 그리고 전쟁을 하면 이겨야 하며, 최소한 져서는 안된다. 그렇지 않으면 멸망하기 때문이다.

"평화를 원하거든 전쟁에 대비하라"는 로마인 베제티우스의 경구는 인류역사를 지배해 온 하나의 원리가 되었다고 말하여도 과언이 아니다. 전쟁을 준비하고 대비한다는 것은 종합적인 개념이며, 기본적으로 연구가 뒷받침되어야 한다.

전쟁을 연구할 때 가장 기초적인 학문은 전쟁사이다. 전쟁사는 경험적인 학문이다. 이 과목을 통하여 우리는 과거 전쟁의 원인, 경과, 결과 등을 검토 분석하고 교훈을 터득하게 된다. 또한 간접적인 전장체험을 통하여 현재 및 미래의 전쟁에 대비하는 데 유용한 지식을 습득할 뿐만 아니라 문제해결능력을 증대시킬 수 있을 것이다.

전쟁사를 연구함에 있어서는 가능한 한 다수의 전쟁들을 개관하여 일반적인 공통점을 발견하는 방법과 개별전쟁을 보다 심층적으로 분석하여 그 특수성을 이해하는 데 초점을 맞추는 방법이 있다. 모든 연구가 그렇듯이 전쟁사도 폭넓고 심도있게 이루어져야 하며, 그러기 위해서는 양자의 방법을 병행하여야 한다.

그동안 육군사관학교에서는 전쟁사 교육을 <세계전쟁사>라는 전용교재에만 의존해 온 결과 생도들의 강렬한 호기심을 제대로 충족시켜주지 못한 것을 아쉬워해왔다. 그러나 이번에 교육의 질적 향상을 도모코자 전용교재에 따르는 부도와 요약을 출판하게 되었음을 밝힌다. 생도들의 공부에 많은 도움이 되었으면 한다.

끝으로 책이 나오기까지 지도와 격려를 해주신 교장님과 교수부장님께 깊이 감사드리며, 또한 출판을 담당한 도서출판 봉명에 사의를 표하는 바이다.

2002. 2.
육군사관학교 전사학과

< 목   차 >

고대~18세기의 전쟁

- 마라톤(Marathon) 전투
- 레욱트라(Leuctra) 전투
- 알렉산드로스(Alexandros)의 전투
- 이수스(Issus) 전투
- 가우가멜라(Gaugamela) 전투
- 히다스페스(Hydaspes)강 전투
- 트라시메네((Trasimene)호수 전투
- 칸나에(Cannae) 전투
- 파루살루스(Pharsalus) 전투
- 크레시(Crécy) 전투
- 브라이텐펠트(Breitenfeld) 전투
- 뤼첸(Lützen) 전투
- 7년 전쟁과 프리드리히(Friedrich)의 전투
- 몰비츠(Mollwitz)에서 프리드리히(Friedrich)의 부대배치 개념도
- 로스바흐(Rossbach) 전투
- 로이텐(Leuthen) 전투

마라톤(Marathon) 전투

당시의 전투양상

- 방진에 의존하며 공격보다는 방어위주의 전술로 운용되었다.
- 기동력보다는 충격력을 중시하였다.
- 대부분의 경우 수적우세가 승패를 좌우하였다.
- 전투장은 평지로 제약되었다.
- 전투시기는 주로 추수시기, 승자는 전리품으로서 흔히 식량을 약탈하였다.
- 장기전은 거의 불가능 – 민병의 생업 종사.

Marathon전투

개요

- 3차에 걸친 페르시아 전쟁중 제2차 페르시아 침입시 그리스군은 마라톤평원에서 내습한 페르시아군을 격파하였다.
- 전술이 여하히 수적 우세를 제압할 수 있는가를 보여준 전사상 최초의 예.

경과

- Miltiades는 전통적으로 정면이 강한 페르시아군을 대적하여 전사상 최초로 계획적인 양익포위를 적용하였다.
- 수적열세(페르시아 15,000, 그리스 11,000)를 극복하기 위하여 Miltiades는 그리스군 전렬의 중앙을 얇게 하여 측방이 우회당하지 않도록 대형의 길이를 충분히 늘리고 또 양측방을 강화한 것이다.
- 그리스군이 선제 공격하였으나 지형상 중앙의 전진속도가 떨어졌고 이때 최정예로 구성된 페르시아의 중앙이 거세게 밀어부치게 되자 그리스군의 증강된 양익은 페르시아군을 자연스럽게 포위, 공격, 섬멸.

결과

- 페르시아군 사상자 6,400명, 그리스군 192명

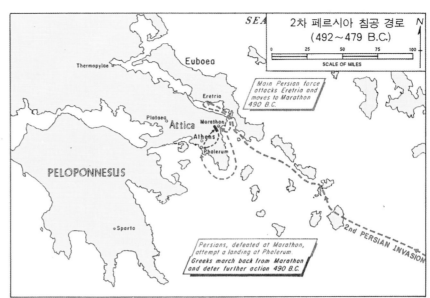

2차 페르시아 침공 경로
(492~479 B.C.)

Marathon 평야 양측의
초기대형 (490 B.C.)

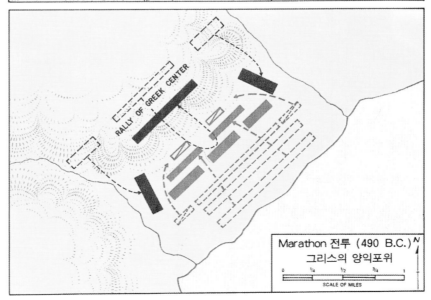

Marathon 전투 (490 B.C.)
그리스의 양익포위

레욱트라(Leuctra) 전투

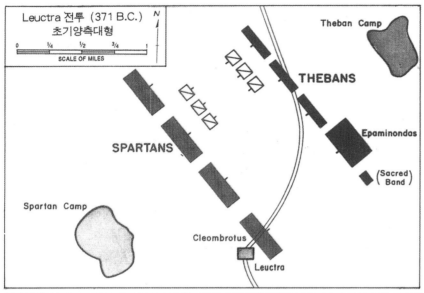

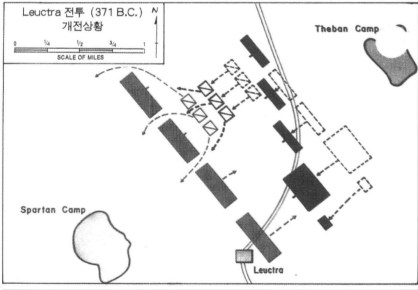

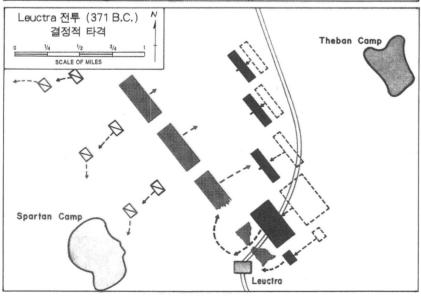

개요

- 테베인, 그리이스諸國의 주도권을 노리고 스파르타에 도전.
- Epaminondas 가 테베인 6,000명을 이끌고 스파르타군 11,000명과 루크트라에서 대결.

경과

- 스파르타군은 선형의 방진으로 강병을 우익에 배치하고 소수의 기병과 경보병으로써 양 측면을 엄호하게 하여 전투대형을 정렬했다.
- 테베군은 스파르타의 예상과 달리 기존의 방진을 변형, 좌익을 4배로 증강, 그종심을 48명이나 되게 두텁게 하여 스파르타군의 우익에 대치. 즉, 전체적인 수적열세 속에서 부분적인 수적 우위를 달성한 것이다.
- 테베군의 대열 중에서 약화된 중앙과 우익전렬은 좌익의 약간 후방에 위치하여 스파르타군의 우익이 격파될 때까지는 본격적인 교전이 일어나지 않도록 서서히 전진만 한다.
- 여기서 사선대형(oblique order)이 최초로 적용되어 그 전술적 효과가 후세에 교훈이 된다.
- 전술의 승리를 달성하기 위하여 Epaminondas는 기병으로써 중앙과 우익의 엷은 전렬을 엄호하고 집중된 좌익의 측방은 소수의 정예대로 엄호하도록 한다. 중앙과 우익은 스파르타군이 우익을 강화하지 못하게 견제하는 역할을 담당한다.

교훈

- 적은 병력으로 전쟁의 원칙에 충실한 지휘를 함으로써 완전한 승리 획득.

알렉산드로스(Alexandros)의 전술

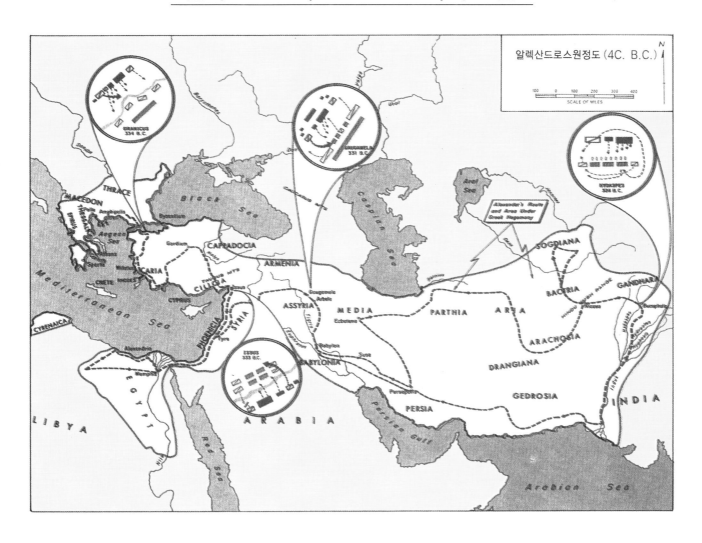

Macedonia군의 전술

- 마케도니아 방진 : 그리이스의 방진에 비하여 1) 보다 긴 창을 보유, 2) 대형의 깊이와 개인간격의 증가, 3) 대형의 유연성 배가 등의 장점을 갖는다.
- 따라서 고도로 훈련된 병사들은 대형을 자유자재로 변화할 수 있게 하여 방진이 가지는 고유의 둔중성에도 불구하고 뛰어난 신축성과 기동성을 보유.

망치와 모루(hammer and anvil) 전술

- 군대의 대다수를 차지하는 보병의 방진이 전진하면서 적을 고착견제하는 동안 정예공격부대인 마케도니아 기병과 중보병(hypaspist)이 적의 배후로 기동, 공격하는 전술.

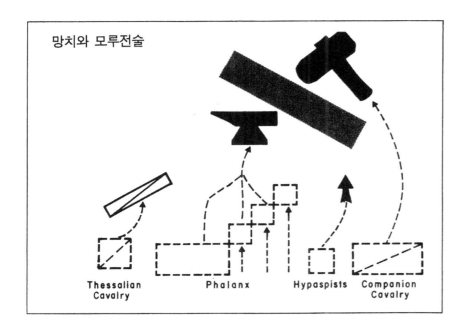

망치와 모루전술

이수스(Issus) 전투

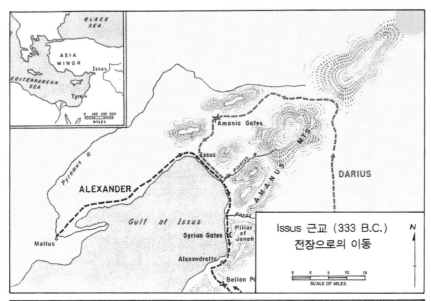

Issus 근교 (333 B.C.)
전장으로의 이동

SCALE OF MILES

마케도니아 기병 (companion cavalry)

- 귀족들로 구성. 그리이스 기병의 개별행동에 비하여 잘 훈련된 전술단위로 활약. 중보병과 함께 정면을 담당. 경무장한 보병은 정면, 배후 및 측면에 배치되어 주력군을 엄호하고 적을 정찰, 습격하면서 정면을 담당한 중기병을 지원.

포병의 도입

- Alexander는 종래에 공성용으로 쓰였던 catapult(곡사병기)와 ballista (평사병기)를 오늘날의 야포처럼 짐마차에 싣고 군대가 행군할 때와 같이 이동할 수 있도록 개량, 협로, 야전, 도하 및 돌발적인 위험사태 등에 사용.

Issus전투

개요

- 334 B.C. 알렉산더는 페르시아 정복에 착수한다. 헬레스폰트를 횡단하여 그라니쿠스강에서 적을 격파하고 소아시아를 침략한다. 이듬해 이수스에서 다리우스가 이끄는 페르시아군을 격파한다.

경과 및 교훈

- 승리의 원인은 Macedonia의 개인적 또는 전술적 군사력의 우세나 사기의 문제에 있지 않고 양측전투개념의 차에 기인했다. 마케도니아가 공격적으로 나온데 반하여 페르시아는 수세적이었다. 페르시아는 우익의 기병이 강했음에도 불구하고 적절한 시기에 전선에 투입, 적의 방진을 유린하지 못하였다.

- 반면, 알렉산더는 전투 초기에 사선대형의 우측 선봉에 위치하고 있던 마케도니아 기병으로 적의 좌익을 격파하여 전투의 기선을 제압하였다. 이로써 페르시아는 우익을 활용할 기회를 박탈당하였다.

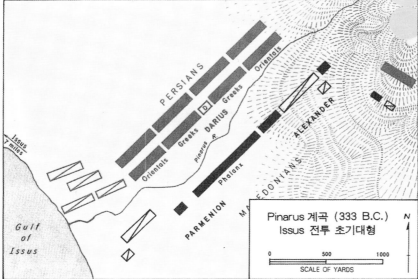

Pinarus 계곡 (333 B.C.)
Issus 전투 초기대형

SCALE OF YARDS

Pinarus 계곡 (333 B.C.)
Issus 전투 결정적 타격

SCALE OF YARDS

가우가멜라(Gaugamela) 전투

개요

- 알렉산더(보병 50,000, 기병 7,000)는 가우가멜라에서 다시 다리우스의 페르시아군(보병 50,000, 기병 40,000)과 대치. 기동력과 병력수에서 절대적인 우위를 확신한 다리우스는 긴 대형과 압도적 숫자의 기병 및 낫 전차(scythed chariot)를 이용, 아무런 지형적 엄폐없이 양 측방이 노출된 알렉선더군을 일거에 포위공격하기로 계획한다.

- 한편 알렉산더는 다리우스의 기병과 보병이 기동시 간극이 발생할 것을 예측, 이를 돌파할 수 있는 기회가 올 때까지 수세적 입장을 취할 것을 계획, 좌익에 적의 기병 주력을 유인 견제할 기병을 배치하고 그 우측에 방진, 중보병 순으로 배치하고 자신은 마케도니아 기병을 친히 이끌고 우익에 위치하고 포위공격에 대비하여 양 측방에 경기병 예비대와 후방에 보병 예비대를 배치한다.

경과 및 결과

- 알렉산더가 선제공격을 감행, 우익을 사선기동시켜 페르시아의 좌익을 압박하자 다리우스는 좌익의 기병을 이동 알렉산더의 우측방에 대한 공격을 전개, 이 때 페르시아의 좌익의 기병과 보병 사이에 간극이 발생하게 된다.

- 한편, 다리우스의 낫 전차는 마케도니아 보병 사이의 함정으로 돌진 별다른 전과없이 전멸. 예상대로 간극이 발생하자 알렉산더는 이 때를 놓치지 않고 순식간에 대규모 돌파대를 형성하여 적중앙을 돌파, 페르시아군을 양분, 대형이 혼란중에 와해되게 하였다. 이 때, 마케도니아의 좌익은 다리우스 기병의 거친 공세를 성공적으로 격퇴. 알렉산더는 도주하는 적을 과감하게 추격, 섬멸.

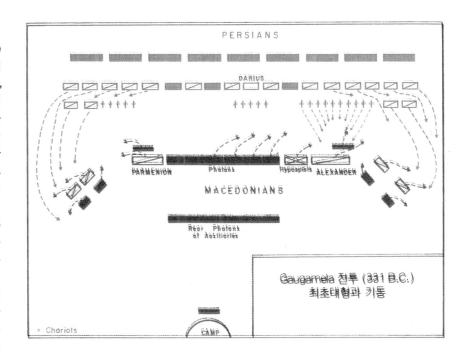

Gaugamela 전투 (331 B.C.)
최초태형과 키동

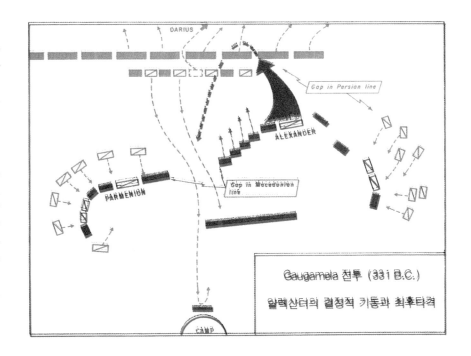

Gaugamela 전투 (331 B.C.)
알렉산더의 결정적 키동과 최후타격

히다스페스(Hydaspes)강 전투

개요

- 인도정복에 착수한 알렉산더의 군대가 히다스페스강 북안에 도착했을 때 인도군왕 Porus의 군대가 마케도니아군의 도하를 저지코자 포진. 강폭이 넓어 도섭은 불가능한 상태
- 여기서 사용된 알렉산더의 전술은 하천선 공격을 위한 현대교리의 기초를 제공한다.

경과

- 알렉산더는 양동작전을 전개하여 금방이라도 도하를 감행할 것처럼 보이게 하여 인도군의 피로를 가중시킨다. 이윽고 포러스는 계속되는 양동에 휩쓸리는 것은 잘못이라는 그릇된 판단을 하게 되고 이 때를 기다리던 알렉산더는 적의 방심한 틈을 이용하여 25km 상류에 도하지점을 선정해 놓고 폭풍우가 심한 밤을 이용하여 전격 도하를 감행한다.
- 당황한 포러스는 평원에 전투대열을 정렬시키고 그 정면에 100보 간격으로 상군을 배치시켜 보병 전체를 엄호. 기병은 전렬의 양측면, 그 정면에는 낫전차 (scythed chariot) 를 배치하였다.
- 알렉산더는 중기병대장 코에누스를 파견하여 인도군의 우익과 배후를 분쇄하라는 임무를 부여. 방진은 인도 상군과의 접촉을 회피하도록 하면서 적의 좌익에 사선기동으로 접근. 이때, 중앙과 좌익은 포러스의 우익과 중앙을 저지시키고 위협하는 효과를 성취한다.
- 배후에서 공격을 받은 포러스가 상군의 방향을 틀자 그들의 측면이 알렉산더의 방진에 노출되는 결과를 초래, 자중지란에 빠져 패전하고 만다.

교훈

- 공격의 원칙과 집중의 원칙의 적절한 조화. 도하가 끝난 후 알렉산더는 잠시도 지체하지 않고 전진했으며 포러스에게 선택의 기회를 허용하지 않았다.

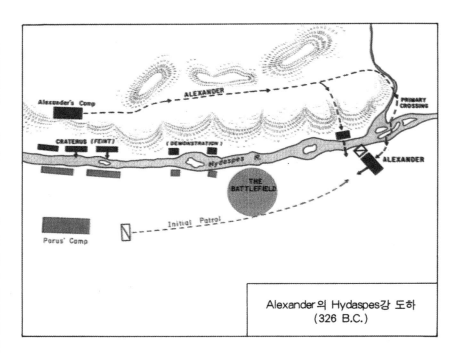

Alexander의 Hydaspes강 도하
(326 B.C.)

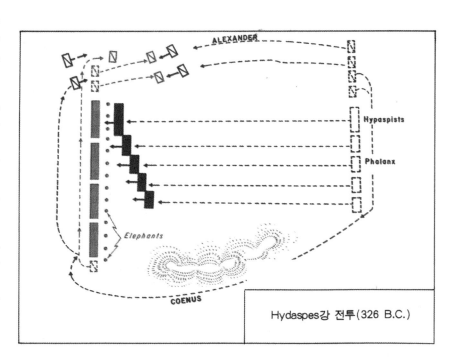

Hydaspes강 전투(326 B.C.)

트라시메네(Trasimene)호수 전투

개요
- Hannibal은 로마군이 행군시 습관적으로 정찰과 경계를 경시하는 경향이 있는 것을 이용, 협로에서 공격을 계획한다.
- 카르타고군은 보병과 기병을 호수 맞은 편 고지대에 매복시키고 나머지 병력을 적의 정면에 배치. 평소처럼 경계부대나 정찰대없이 행군하던 로마군은 협로의 정면에서 소수의 적을 발견하고 선제공격, 한니발의 함정에 빠지게 되었다.

결과
- 로마군 전체가 협로에 진입했을 때 한니발은 로마군 후미의 협로 입구를 기병으로 하여 봉쇄하게 하고 보병으로 고지대에서 부터 로마군의 측방을 강타. 로마군의 3/4 이상이 전사하거나 포로가 되고 나머지는 도주하였다.

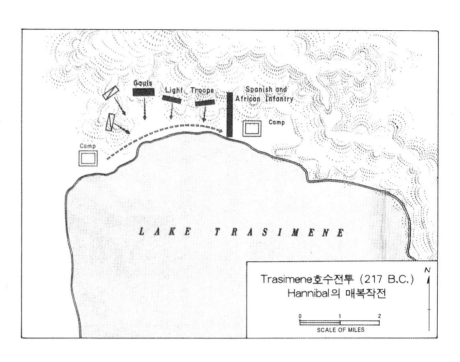

Trasimene호수전투 (217 B.C.)
Hannibal의 매복작전

0 1 2
SCALE OF MILES

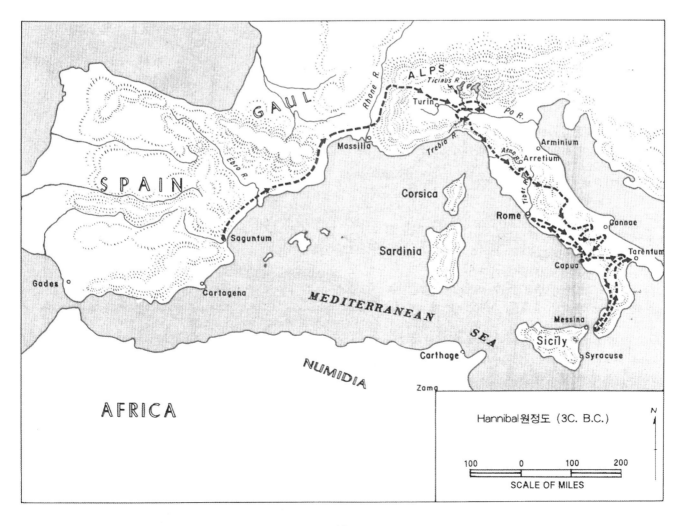

Hannibal원정도 (3C. B.C.)

100 0 100 200
SCALE OF MILES

칸나에(Cannae) 전투

개요

- 한니발은 로마군을 카르타고의 기병 기동에 유리한 장소로 끌어내기 위해 칸내 부근으로 야간행군을 실시하여 로마군의 보급창과 남부 아풀리아 지방의 곡창지대를 점령. 로마군(보병 65,000명, 기병 7,000명) 지휘관 바로는 이 계획에 말려들어 한니발이 원하던 Aufidus강 북안제방에 병력을 투입하여 카르타고군(보병 32,000명, 기병 10,000명)과 대치.
- 바로는 수적 우세로 생기는 중압에 의하여 적을 제압할 계획으로 그의 전전렬을 두텁게 배치하고 총병력 15개군단을 3개전렬로 정렬했으며 로마인으로 된 정예기병 2,400명을 우익에, 연합군 기병 4,800명을 좌익에 배치하고 경보병으로 전렬 정면을 엄호하였다.
- 한니발은 로마 기병 2,400명과 맞설 수 있도록 좌익에 스페인인, 고올인으로 구성된 중기병 8,000명을 집중시켰다. 로마군의 좌익 4,800명과 대치하는 한니발의 우익에는 2,000명의 누미디아 기병이 담당했다.

경과

- 로마군이 집결하자 한니발은 보병의 중앙을 약화시키고 양 측면을 강화. 전투가 개시되어 경보병끼리 전초전이 시작되자, 이를 엄호로 삼아 그의 약화된 중앙군이 돌출부를 형성할 때까지 전진한다. 그러나 이때 강화된 양익군은 움직이지 않고 원위치를 견지한다.
- 한니발의 좌익 기병은 적기병을 완전히 분쇄하고 적의 측면과 배후를 우회한 다음 누미디아 기병을 방어하려고 열중하는 로마군 좌익 기병의 배후에 대하여 불의의 습격을 가하여 완전히 격파한다.
- 한니발의 돌출부는 전투계획에 의거하여 치열한 로마군의 공격정면에서 서서히 후퇴, 바로는 목전에 승리가 임박한 줄로 착각하여 그의 제2,3열 뿐만 아니라 경보병까지 합한 전 병력을 이미 혼란을 이루고 있는 제1선에 투입하여 이를 증강하도록 명령한다. 이에 카르타고군의 중앙은 로마의 장군의 이를 분쇄하여 버리려는

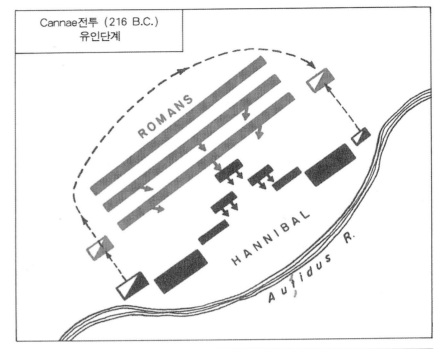

Cannae전투 (216 B.C.)
유인단계

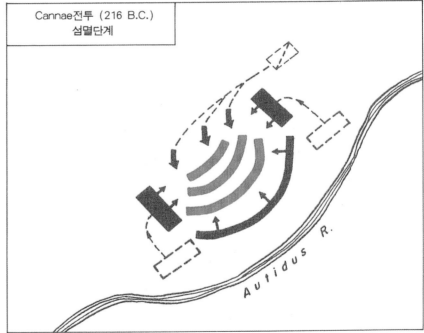

Cannae전투 (216 B.C.)
섬멸단계

의욕을 적당히 자극하면서 후퇴를 계속하여 수적으로 확고한 우세에 있던 로마군을 자신들이 마련한 자루속으로 서서히 몰아간다.
- 로마군의 중앙이 과도로 밀집되어 혼란상태가 극심해지자 카르타고의 중앙은 후퇴를 멈추고 양익 아프리카 정예보병과 우회기동한 배후의 기병과 함께 로마군을 총공격, 완전히 섬멸한다.

결과

- 칸나에전투는 섬멸전의 전형적인 예. 로마군은 카르타고로 하여 추격할 필요가 없을 정도로 궤멸되어 44,000명의 전사자를 낸 반면 한니발측의 전사자는 6,700명에 불과했다.

파르살루스(Pharsalus) 전투

개요

- 루비콘강을 건너 카이사르와 폼페이우스의 군대가 그리이스의 Epineus 강가에서 대결.
- 카이사르의 병력은 22,000명, 폼페이우스는 그 2배로 추정되며 기병에 있어서도 1,000명대 7,000명 정도로 카이사르의 절대적 열세였다.

경과

- 카이사르는 수적열세를 기동력으로 만회하기 위하여 폼페이스군을 양군진지의 중간에 있는 평원으로 유인. 카이사르는 그의 legion(로마군단)을 전통적인 3열의 cohort로 구성하여 폼페이우스의 밀집된 cohort로 구성하여 폼페이우스의 밀집된 cohort의 정면과 같은 넓이로 대치하게 하였다. 좌익은 에피뉴스강의 가파른 둑에 의지하고 우익을 폼페이우스의 우세한 기병을 방어하기 위하여 cohort 6개를 배치, 자신의 기병을 지원하고 적의 포위작전에도 대비하도록 하였다.
- 한편, 폼페이우스는 기병으로 카이사르의 전열을 흩뜨려놓은 후, legion으로 밀어붙일 계획이었다. 즉 알렉산더의 망치와 모루 작전의 再版이 될 뻔 했으나 망치가 시저의 방어력에 실패하고만 것이다. 기병이 카이사르의 6개 코호트의 장창 방어를 뚫지 못하고 퇴각하자, 이들 코호트가 안으로 밀고 들어와 폼페이우스군의 노출된 좌측면을 유린. 이 때 시기의 적절성을 감지한 카이사르는 최후의 증원군을 투입하여 승리를 거두었다.

결과

- 카이사르측은 단 230명의 전사자만 내고 폼페이측 15,000명을 살상하고 포로 24,000명을 획득.

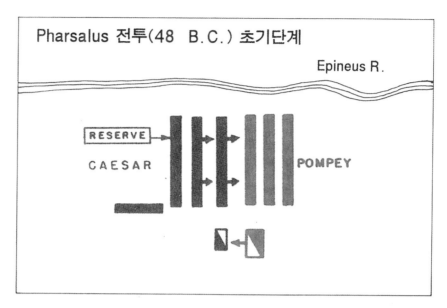

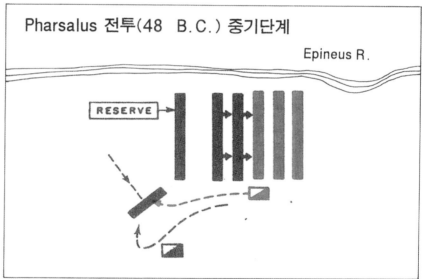

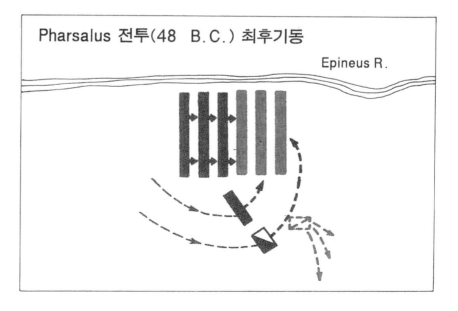

크레시(Crécy) 전투

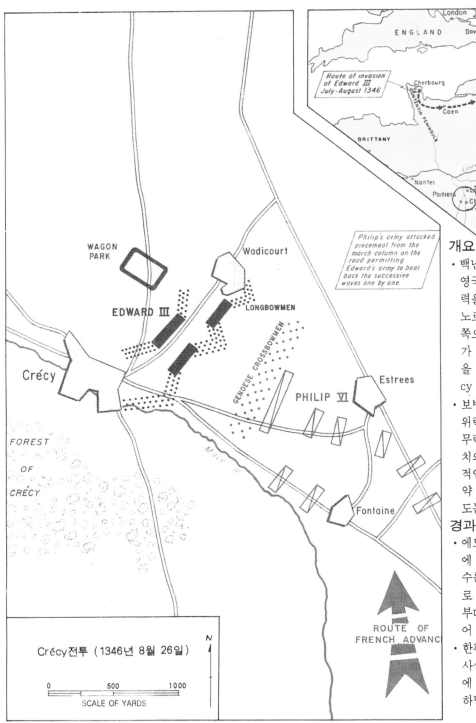

개요

- 백년 전쟁(1337~1453)의 개전초기, 영국왕 Edward 3세가 35,000의 병력을 이끌고 Cotentin반도에 상륙, 노르망디공국을 유린. 이후 도버해협 쪽으로 향할 때 프랑스왕 Philip4세가 7만 이상의 병력을 소집, 영국군을 추격, Somme강 지류에 있는 Crécy 근교에서 격돌.
- 보병위주의 영국군이 개발한 장궁이 위력을 발휘, 프랑스의 기마전술을 무력화시킴으로써 기사의 전술적 가치의 쇠퇴가 인식되기 시작하는 결정적인 계기를 제공(장궁의 사거리는 약 400m, 유효사거리 200m, 발사속도는 숙련자의 경우 석궁의 3배).

경과

- 에드워드는 약간의 구릉지대에 전렬에 두개 제대를 두고 그 간극에 장궁수를 포진했으며 양측방을 강과 마을로 각각 보호시켰다. 후방에는 기마부대, 창보병, 궁수 등을 예비대로 두어 수비 형태를 갖추었다.
- 한편, 필립왕은 영국군의 전투배치 사실을 모르고 전진하다가 적의 상황에 놀라 급히 선두에게 정지명령을 하달하고 익일, 전열정비 후 공격을

계획했으나 후속부대들은 선두의 급작스런 정지를 접전개시로 오해 전진을 계속, 프랑스군은 후퇴 불능상황에 직면하게 되었다.
- 이에 필립은 선두의 석궁부대를 배치, 총공격을 개시하였으나 장궁의 사거리와 발사 속도를 당해 내지 못하자 크게 당황, 후방의 기사들을 전선에 일제투입하였다. 그러나 질퍽한 땅과 영국군이 파놓은 구덩이에 60kg의 육중한 갑옷을 입은 기사를 태운 말들이 전진불능 상태가 되고

거기에 쏟아지는 장궁의 공격에 결국 퇴각하고 만다.
- 초저녁에 시작한 전투는 자정이 못되어 영국군의 승리로, 보병의 승리로 끝난다.

브라이텐펠트(Breitenfeld) 전투

개요

- 신교와 구교간의 30년전쟁 중 Leip-zig를 탈환한 Tilly가 이끄는 구교측은 바로 그 다음날 기병대장 Pap-penheim백작의 요구로 Gustavus가 이끄는 스웨덴과 작센의 연합군과 Breitenfeld 근교에서 대치.

경과

- Tilly는 좌우 3km가 넘는 tercio(15세기 스페인에서 개발된 전술단위로 사격간격이 긴 화승총의 연속사격시 사수를 효과적으로 보호하며 방어력과 공격력을 극대화하기 위하여 장창수를 중앙에 배치한 대형)의 단렬로 대형을 갖추고 양측방을 기병으로 보호하였다. 포병은 중앙에 위치 스웨덴의 선제공격을 기다렸다.

- Gustavus는 좌익에 작센군을 위치시키고 자신의 스웨덴군이 중앙과 우익의 주공을 맡았다. 스웨덴군의 대형은 Gustavus부대배치의 전형으로 유연성과 제병협동이 분명하게 드러나 있다. 먼저 중포병이 중앙의 보병을 직접 보호하고 측방은 기병이 담당하였다. 보병의 기본단위인 여단별로 포병지원이 있고 보병의 정중앙 주력에도 기병이 직접 지원하고 있다. 또 50명의 단위의 머스켓소총부대가 기병여단에 각각 배속되어 지원하고 있었다.

- 전투는 포병의 사격으로 시작되었는데 발사속도와 정확도에 있어서 월등히 우세한 신교군이 점점 유리해지고 있었다. 이에 Pappenheim이 5,000기의 기병을 이끌고 스웨덴의 우익을 쳐들어 갔으나 우익의 Baner는 신속히 방어대형을 갖추고 배속된 소총수로 적기병들을 완전히 무력화시킨다. Pappenheim은 7차례에 걸친 공격에 모두 실패하고 Baner의 예비대에 쫓기어 전장에서 완전히 이탈하고 만다.

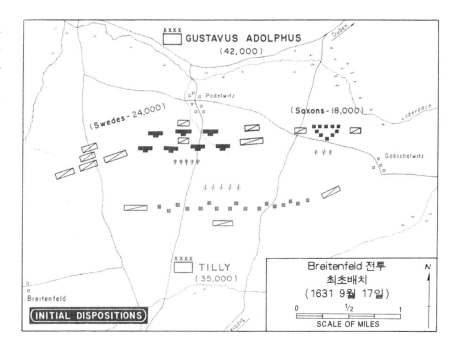

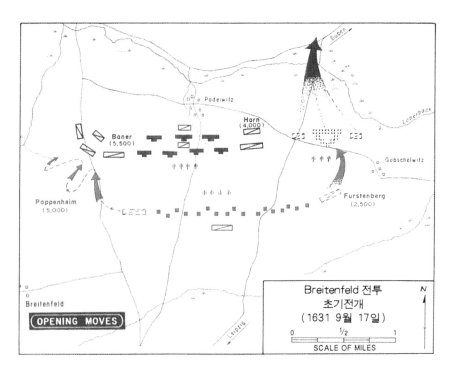

- 한편 Pappenheim의 공세에 이어 공격을 개시한 Tilly군 우익은 3,000도 못되는 기병으로 신교군 좌익의 색소니군을 압박해 들어갔고 군사적 경험이 부족한 John George는 겁에 질려 전장탈퇴, 그의 부하 18,000명도 이내 그의 뒤를 따랐다.
- 순식간에 Gustvus는 좌측방의 무방비노출에 수적열세상황에 직면하게 되고 Tilly는 이 때를 놓치지 않고 중앙의 tercio를 우측으로 사선기동시켜 스웨덴의 좌측방을 공격, 적 섬멸을 위한 좌선회기동에 돌입했다.
- Gustavus는 우선 Horn이 이끄는 4,000명을 재빨리 기동시켜 좌익에서 쳐 들어오는 2만 이상의 적 정예병을 저지하게 하고 이어 중앙군의 제2열로 좌익을 지원하게 하였다. 스웨덴의 보병여단은 경포병과 함께 좌측으로 기동하여 좌선회중에 있는 구교군의 tercio에 화력을 집중하였다. 전투중에는 기동도 이동도 할 수 없는 Tilly의 포병은 대응지원할 수 없었고 공격군은 와해되었다. 이 때가 바로 Pappenheim의 마지막 공격이 반대쪽에서 무산된 것과 거의 동시였다.
- 승기를 잡은 Gustavus는 자기진영 좌우측을 종횡무진하며 전장지휘를 하였다. 풍향이 바뀌어 구교진영이 포연과 먼지로 뒤덮여 50보앞도 분간이 어려워지게 되자 Gustavus는 Baner로 하여금 적의 좌익을 치게 하고 자신은 직접 적의 포진지를 제압, 적의 배후를 공격해 들어갔다. 이 때 스웨덴의 포병은 위치를 조정해 가며 Tilly의 주력에 계속적인 포격을 가하였다. 앞을 분간할 수 없는 상황에서 적의 집중화를 맞은 Tilly의 tercio들은 이내 스웨덴군에게 섬멸되고 만다.

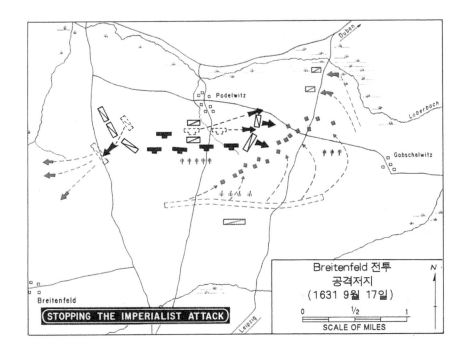

Breitenfeld 전투
공격저지
(1631 9월 17일)

STOPPING THE IMPERIALIST ATTACK

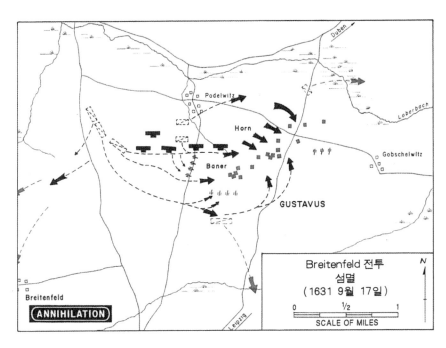

Breitenfeld 전투
섬멸
(1631 9월 17일)

ANNIHILATION

결과
- Tilly군의 전사자는 12,600명(그 중 5,000명은 도망 중 살해), 포로 9,000명. 반면 스웨덴군의 사상자수는 2,000명 정도 그것도 대부분이 준비사격시 사상.

Gustavus Adolphus의 전쟁사적인 공헌
- 30년 전쟁기간 중 Gustavus가 보여주었던 새로운 전투방법은 전쟁기간 중 기동이 없는 구식전투에만 익숙해 있던 각국 지휘관들에게 모범이 되어 전쟁이 끝날 무렵에는 근대전의 양상이 보편화되어 나타나기 시작하였다.

- 1) 화력의 발달에 압도되었던 시대에 기동을 중시하는 전략이 다시 부각되었으며, 2) 제병합동 운용의 묘와 기습공격이 전술적으로 부활되었다. 3) 화력이 극대화되고, 4) 전대미문의 대규모 기동과 5) 국민군의 동원이 시도되었다.

뤼첸(Lützen) 전투

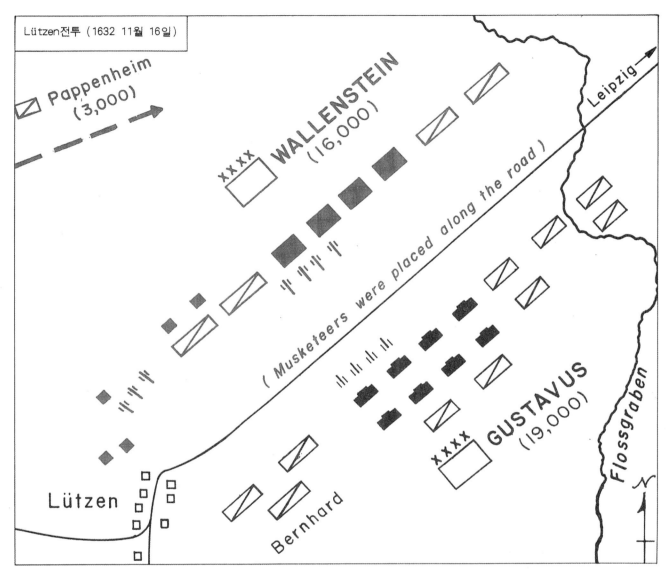

Lützen전투 (1632 11월 16일)

Pappenheim (3,000)

WALLENSTEIN (16,000)

Leipzig

(Musketeers were placed along the road)

GUSTAVUS (19,000)

Flossgraben

Lützen

Bernhard

N

개요

- 30년 전쟁 중 스웨덴왕 Gustavus Adolphus와 신성로마제국에 고용된 체코 출신의 용병대장 Albrecht von Wallenstein 백작이 Lüzten 근교에서 격돌, 당대 최고 전술가들의 대결로 유명한 전투.
- Wallenstein은 1632년 전역에서 Gustavus와의 격돌의 전략적으로 회피하면서 비엔나를 성공적으로 방어해왔고 11월이 되자 더이상의 군사작전은 어렵다고 판단 Lützen에서 월동태세를 갖춘다. 한편, Gustavus는 공격을 결심, Lützen 평원에서 Wallenstein군에게 기습적인 도발을 감행한다.

경과

- Wallenstein은 도로 후방에 대형을 갖추고 도로상에는 소총수(musket 총)을 배치한다. 정면에는 tercio 4개 제대가 도열하고 양측에 기병이 위치하여 측방을 보호하게 했으며 중앙의 구릉지대에 포병을 배치시킨다.
- Gustavus의 대형은 2개의 전렬과 다수의 기병예비대로 구성되어 포병의 약간 우측 후위에 위치하였다. 좌익은 Bernhard 공이 우익은 Gustavus가 직접 지휘하였다.
- 11월 16일 아침, 짙은 안개를 뚫고 스웨덴군의 우익은 Wallentein의 좌익을 소총수대형부터 와해시켜 중앙으로 감아들어가고 중앙의 보병도 앞으로 압박해 들어갔다.

- Gustavus가 이제 좌익을 전진시켜 적을 확실히 섬멸하려 할 때 원정나갔던 Pappenheim이 돌아와 Wallenstein을 도와 스웨덴군의 우익에 기습공격, 일시 충격을 주었으나 Pappenheim은 곧 포탄에 전사하고 Wallenstein의 군사들은 동요한다.
- 한편, 좌익의 상황을 모르는 Wallenstein은 일제반격을 전개하여 중앙은 일대혼전이 일어나고 이 와중에 Gustavus가 전사한다. 그러나 스웨덴군은 Bernhard의 지휘하에 일제공격, 국왕의 죽음을 복수하며 적진을 궤멸시킨다.

결과

- 스웨덴군 사망 6,000명, Wallenstein 군은 사망 7,000명.

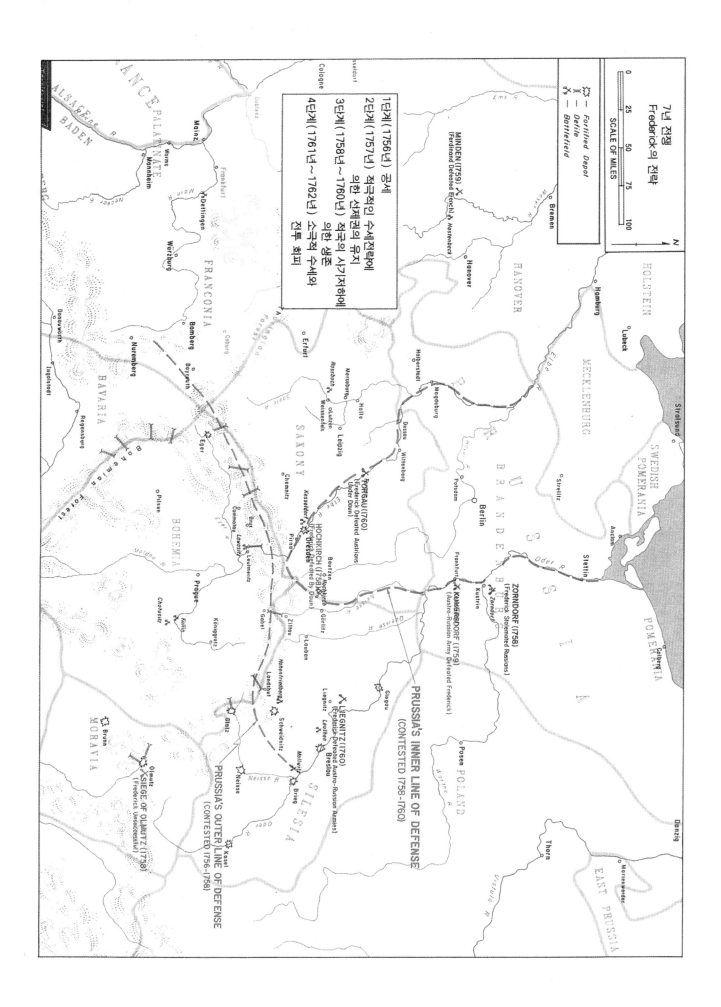

7년 전쟁
Frederick의 전략

SCALE OF MILES
0   25   50   75   100

☆ — Fortified Depot
)(— Defile
⚔ — Battlefield

1단계(1756년) 공세

2단계(1757년) 적국의 수세전략에
의한 신제권의 유지

3단계(1758년~1760년) 적국의 시기(저항)에
의한 생존

4단계(1761년~1762년) 소극적 수세와
전투 회피

MINDEN (1759) ⚔
(Ferdinand Defeated French) ⚔ Hastenbeck

PRUSSIA'S INNER LINE OF DEFENSE
(CONTESTED 1758-1760)

PRUSSIA'S OUTER LINE OF DEFENSE
(CONTESTED 1756-1758)

TORGAU (1760)
(Frederick Defeated Austrians
Under Daun)

HOCHKIRCH (1758)
(Frederick Defeated By Daun)

ZORNDORF (1758)
(Frederick Stalemated Russians)

KUNERSDORF (1759)
(Austro-Russian Army Defeated Frederick)

LIEGNITZ (1760)
(Frederick Defeated Austro-Russian Armies)

SIEGE OF OLMÜTZ (1758)
(Frederick Unsuccessful)

26

몰비츠(Mollwitz)에서 프리드리히(Friedrich)의 부대배치 개념도

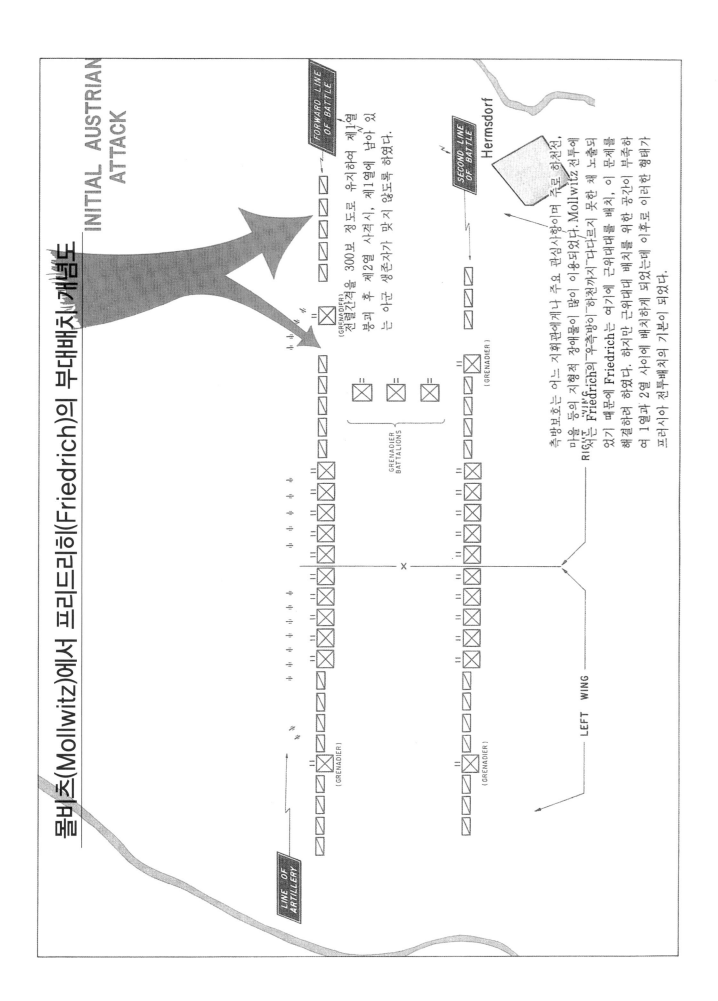

INITIAL AUSTRIAN ATTACK

LINE OF ARTILLERY

FORWARD LINE OF BATTLE

(GRENADIER) 전열간격을 300보 정도로 유지하여 제1열 붕괴 후 제2열 사격시, 제1열에 남아 있는 아군 생존자가 맞지 않도록 하였다.

GRENADIER BATTALIONS

(GRENADIER)

(GRENADIER)

LEFT WING

SECOND LINE OF BATTLE

Hermsdorf

측방보호는 어느 지휘관에게나 주요 관심사항이며 주요 도로 하천선, 마을 등이 지형적 장애물이 많이 이용되었다. Mollwitz 전투에 RIGHT WING 서는 Friedrich의 우측방이 하천까지 닿지르지 못한 채 노출되 있기 때문에 Friedrich는 여기에 근위대대를 배치, 이 문제를 해결하려 하였다. 하지만 근위대대 배치를 위한 공간이 부족하여 제1열과 제2열 사이에 배치하게 되었는데 이후로 이것이 이러한 형태가 프러시아 전투배치의 기본이 되었다.

로스바흐(Rossbach) 전투

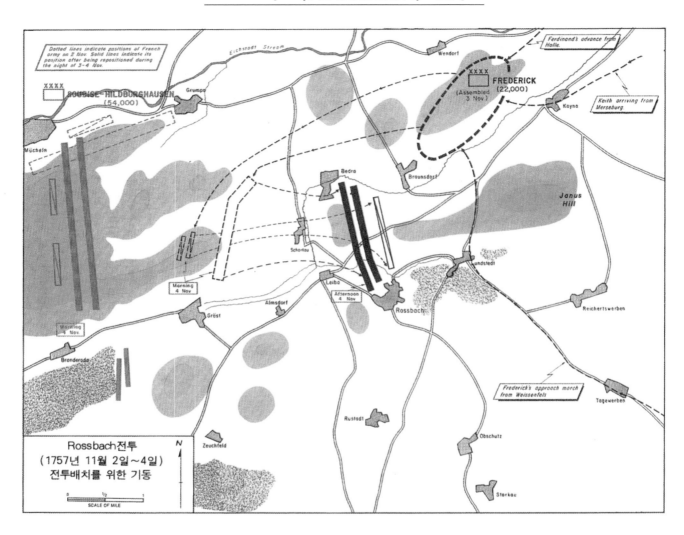

Rossbach전투
(1757년 11월 2일~4일)
전투배치를 위한 기동

SCALE OF MILE

Friedrich군의 특징
보병
· 보병의 기본화기는 75구경 활강 화승 총으로 명중률이 아주 낮아 조준사격이 아무 의미가 없다고 판단한 Frederick은 병사들에게 장전~발사의 19단계를 기계적으로 숙달시켰다. 조준은 금지되고 신호에 의한 일제사격을 기본으로 하였다. 실제전투에서 프러시아군은 적의 제1격을 기다렸다가 적이 재장전하는 사이 보다 근거리에서 일제사격하는 것이 원칙.

포병
· 포병과 같이 기동할 수 있는 경포병을 개발하고 Gustavus Adolphus이후 1세기 가까이 사용되지 않던 기마포를 전장에 도입, 전투 중 필요에 따라 측면에서 측면으로 이동시켰다.

기병
· 다른 유럽국가들과 마찬가지로 경기병(hussar)은 순찰과 탈주병 방지에, 용기병(dragoon)은 적 보병을, 흉갑기병(cuirassier)은 적 기병을 상대로 싸우도록 특화되었다. 프리드리히는 자신의 기병들에게 항상 선제권을 장악하도록 강조하였으며 흉갑기병간의 싸움에서 우위를 확보한 후 용기병을 투입하여 적보병의 측면을 공격하는 것이 가장 효과적이라고 여기었다.

Rossbach전투

개요
· Friedrich의 군대 22,000명이 Soubise와 Hildburghausen이 이끄는 프랑스와 독일의 연합군을 추격, Rossbach 근교에서 벌인 전투로 여기서 Friedrich는 자신의 존재를 주위 국가들에게 확실히 각인시켰다.

경과
· 11월 2일부터 프랑스군의 엉성한 배치를 간파한 Friedrich는 4일 여명과 함께 프랑스의 노출된 우측방을 치기 위하여 기동을 시작하였으나 밤사이 프랑스의 대형이 이동하여 보다 강력한 대형을 갖춘 것을 확인하고 3km 후방 Saale 강 동쪽으로 후퇴, 방어하기 쉬운 지형에서 대형을 정비한다.

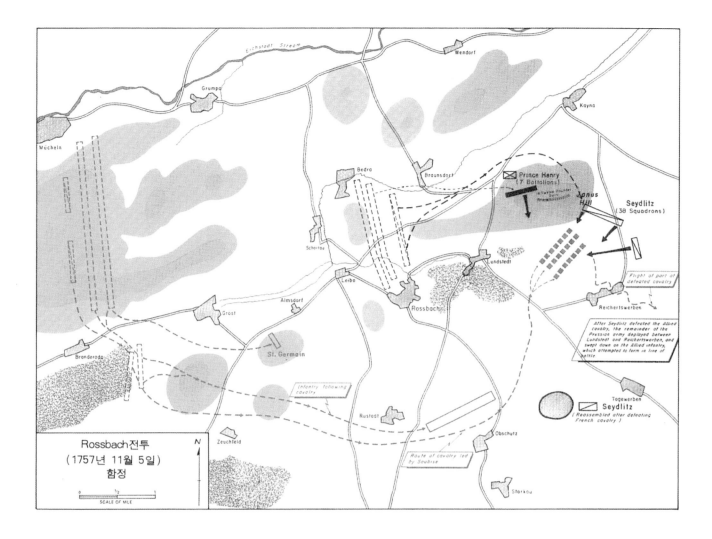

Rossbach전투
(1757년 11월 5일)
함정

- 이를 프로이센측의 소극적인 대응으로 이해한 Soubise와 Hildburghausen은 5일 아침 수적 열세에 있는 적군을 섬멸하기로 결정하고 먼저 St. German이 6,000의 기병과 포병을 이끌고 견제와 양동을 위해 출발한다. 이어서 다음 본대공격을 위하여 Soubise가 포병을 지원을 받아 기병과 보병을 3열종대로 구성하여 기동, 프로이센의 남측을 우회, 배후에 대한 기습 공격을 계획한다. 그러나 도망하는 적을 추격한다고 방심한 이들은 기동이 조잡하고 혼란스러웠으며 척후활동이나 기도비닉에 대한 배려도 전혀 없었다.
- 적의 이동을 간파한 Friedrich는 7개의 경기병 대대에게 St. German을 맡게 하고 Seydlitz휘하로 38개 기병대대, 4,000명을 급조하여 Janus언덕 뒤로 보내 적의 길목을 지키게 하

였다. 한편 자신은 Janus언덕 위에 올라 Henry왕자의 보병대대 7개와 함께 12pound포 18문을 갖고 적을 기다린다.
- 연합군이 언덕을 기어오르기 시작할 무렵, Seydlitz의 기병은 용기병, 흉갑기병순으로 연합군의 대형을 기습, 와해시키고 이어 보병과 포병이 흩어지는 적을 공격, 전투는 한시간 반만에 결판이 난다.

결과
- 프로이센은 300명 사상에 포 72문 노획, 연합군 사망 800, 포로 6,000.

로이텐(Leuthen) 전투

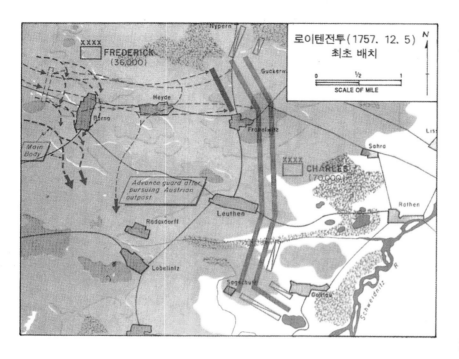

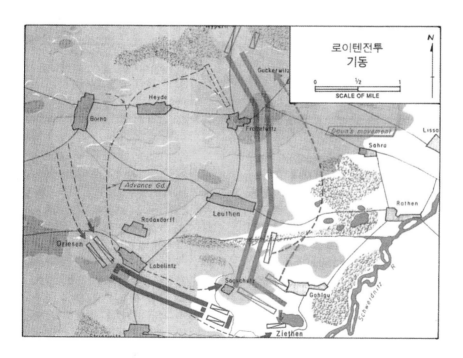

Friedrich 전술의 특징
기동

· 기본전술단위는 700명으로 구성된 보병대대이며 평시에는 5개의 소총중대와 근위중대 1개로 구성, 전투가 임박하면 중대단위가 해체되고 각 대대는 8개의 소총소대(각 75명)로 변환되고 근위중대는 각 보병대대에서 일제히 분리되어 근위대대를 구성, 중요한 자리, 주로 전술적 측면에 위치하게 된다.

· 대대는 주로 종대로 이동하고 횡대로 정렬하여 싸웠다. 종대에서 횡대로 전환할 시는 우선 대대전체가 줄줄이 우로 간 후 각 소대가 좌선회운동을 하였다. 성공적인 변환을 위해서는 전투장소와 기동점의 선택이 중요했다.

화력

· 횡대의 화력은 전방에 집중되었고 일반적으로 제1전렬이 무릎쏴 자세로 2, 3전렬이 1열의 어깨 너머로 사격하는 것이 가장 효과적이었다. 일제사격은 소대별, 또는 대대별로 하였는데 후자가 선호되었다. 프로이센군은 타 군대에 비해 사격 속도가 배 이상 빨랐기 때문에 걸어 다니는 포대라는 별명이 붙었다.

· 경포병은 대대를 직접 지원했는데, 주로 대대 전방에 6파운드짜리 두문을 배치했고 12파운드와 고사포는 국왕직속으로 부대를 일반 지원했다. 경포대는 대대전방 50보에 위치하여 적정면에 근거리사격을 하였고 전투는 대개 몇 시간 안에 결판났다.

· 보병은 간극없이 정렬하여 전진하고 각 대대간에 작은 간극만을 두어 경포병을 추진시켰다. 대대가 공격대형으로 정렬하면 더 이상 대대장의 통제가 필요없이 전횡대는 하나의 유기체로 움직이도록 요구되었다.

Leuthen 전투

개요

• 프랑스와의 Rossbach 전투에서 승리한 Friedrich는 다시 30,000명의 병력을 집결시켜 Charles 왕자의 지휘 아래 Leuthen 마을 부근에 포진한 오스트리아군 80,000명과 대적하게 된다. 오스트리아군의 전렬은 8km나 되었으며 우익은 숲과 늪지대로 엄호되어 있었으며 예비대는 좌익의 배후에 위치하고 있었다.

경과

• Friedrich는 오스트리아의 좌익을 공격하기로 결심하고 적으로 하여금 프러시아의 주공이 그들의 우익에 있다고 확신하도록 전초전을 전개하였다.

• 오스트리아군은 과연 예비대를 우익으로 옮기었고 Friedrich는 이 오스트리아의 좌익을 격파하였다.

• 이어서 프로이센군의 전전렬은 우측에서 정면으로 이동하여 오스트리아 좌익군을 분쇄하고 다시 적군의 전전렬을 물리쳐 나아갔다.

결과

• 공세, 기동, 기습, 병력의 절용, 전투력의 집중 등의 제원칙을 훌륭하게 적용한 역사적 전례로써 큰 의의를 가진다.

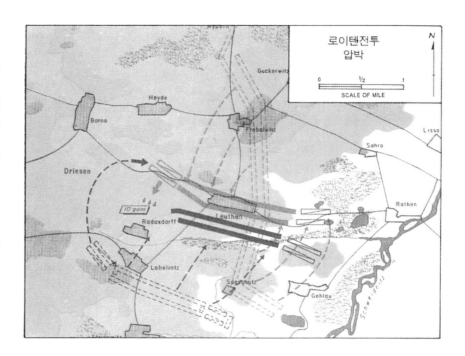

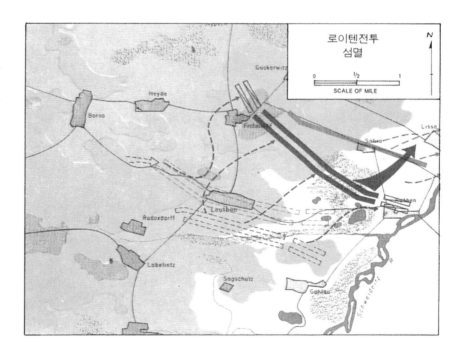

나폴레옹 전쟁

- 1796년 유럽 전략적 상황
- 이탈리아(Italy) 전역
- 마렝고(Marengo) 전역
- 울름(Ulm) 전역
- 오스테리츠(Austerlitz) 전역
- 예나(Jena) 전역
- 스페인(Spain) 전역
- 1812년 유럽 전략적 상황
- 러시아(Russia) 전역
- 워털루(Waterloo) 전역
- 1810년 유럽 영토분할과 1815년 유럽 영토분할

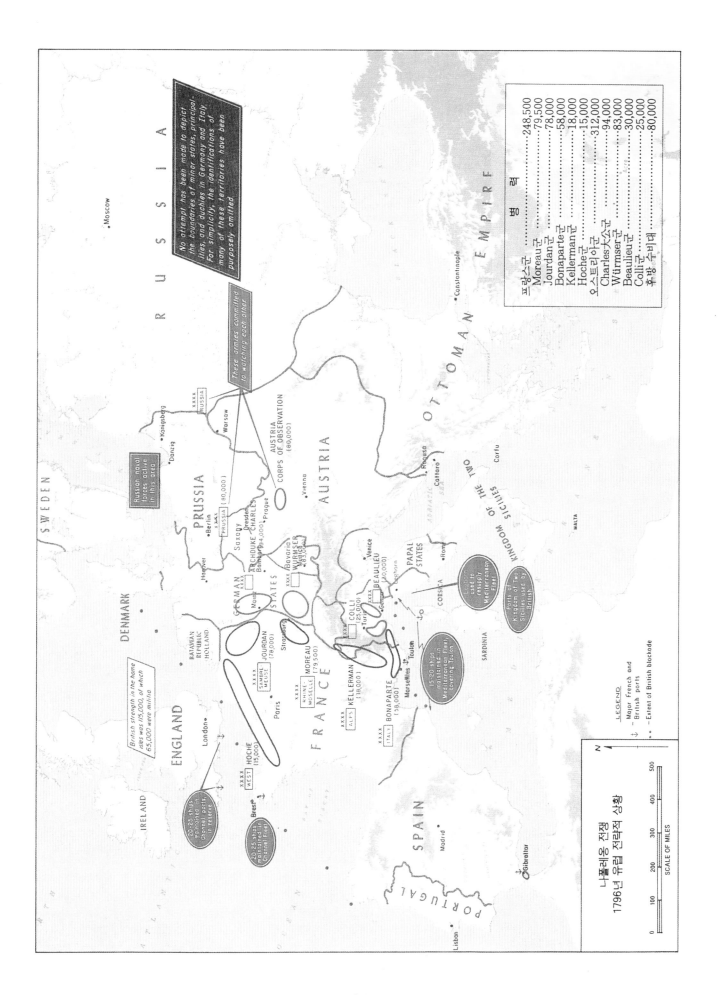

No attempt has been made to depict the boundaries of minor states, principalities, and duchies in Germany and Italy. For simplicity, the identifications of many of these territories have been purposely omitted.

These armies committed to watching each other

Russian naval forces active in this area

British strength in the home isles was 115,000, of which 65,000 were militia

20-25 ships maintained in Channel ports in reserve

20-25 ships maintained in Channel Fleet

15-20 ships maintained in Mediterranean Fleet, covering Toulon

Leghorn used to resupply Mediterranean Fleet

Ports of Two Kingdom of Sicilies used by British

SWEDEN

DENMARK

RUSSIA

Moscow

Königsberg

Danzig

Warsaw

PRUSSIA

Berlin

XXXX PRUSSIA (80,000)

AUSTRIA CORPS OF OBSERVATION (80,000)

Vienna

AUSTRIA

Saxony Dresden
Prague

ARCHDUKE CHARLES
Bamberg XXXX (94,000)

GERMAN
XXXX
Mainz

STATES

Bavaria
WÜRMSER XXXX (83,000)

BATAVIAN REPUBLIC HOLLAND

Hanover

ENGLAND

London

IRELAND

Brest

XXXX WEST HOCHE (15,000)

Paris

FRANCE

Strasbourg

JOURDAN (78,000)

XXXX SAMBRE MEUSE

MOREAU (79,500)
XXXX RHINE MOSELLE

KELLERMAN (18,000)
XXXX ALPS

BONAPARTE (58,000)
XXXX ITALY

Marseilles Toulon

SPAIN

Madrid

PORTUGAL

Lisbon

Gibraltar

Venice

BEAULIEU (40,000)

COLLI (25,000)
XXXX
Turin

German

CORSICA

SARDINIA

PAPAL STATES

Rome

Leghorn

OTTOMAN EMPIRE

Constantinople

Ragusa

Cattaro

ADRIATIC

Corfu

MALTA

KINGDOM OF THE TWO SICILIES

나폴레옹 전쟁
1796년 유럽 전략적 상황

N

SCALE OF MILES
0   100   200   300   400   500

LEGEND
~ — Major French and British ports
→ —
... — Extent of British blockade

프랑스군 248,500
Moreau군 79,500
Jourdan군 78,000
Bonaparte군 58,000
Kellerman군 18,000
Hoche군 15,000
오스트리아군 312,000
Charles大公군 94,000
Würmser군 83,000
Beaulieu군 30,000
Colli군 25,000
후방 수비대 80,000

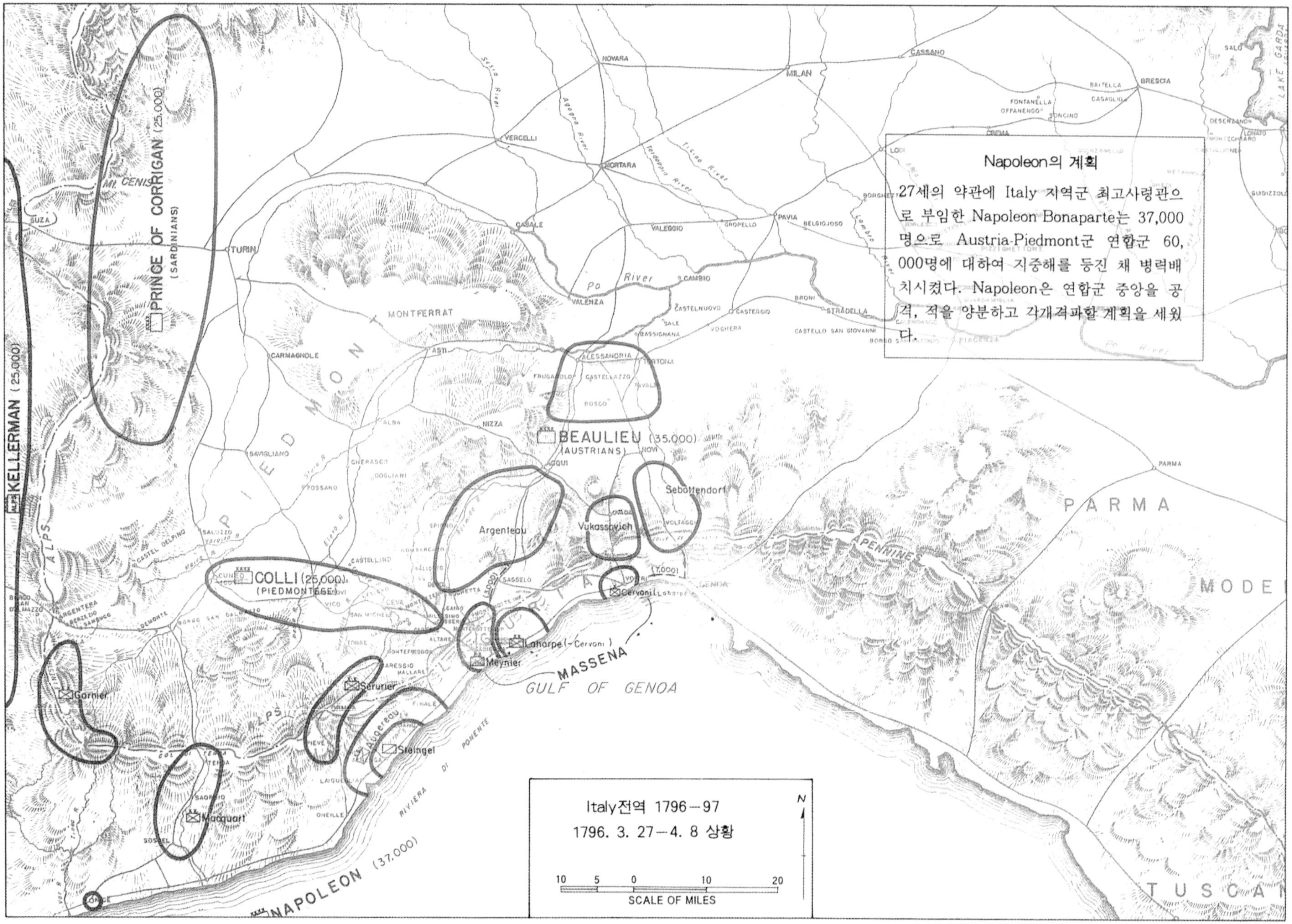
KELLERMAN (25,000)
PRINCE OF CORRIGAN (25,000)
(SARDINIANS)
COLLI (25,000)
(PIEDMONTESE)
BEAULIEU (35,000)
(AUSTRIANS)
NAPOLEON (37,000)
MASSENA
Argenteau
Vukassovich
Sebottendorf
Gornier
Macquart
Serurier
Augereau
Steingel
Meynier
Laharpe (-Cervoni)
Cervoni
GULF OF GENOA
RIVIERA DI PONENTE
PIEDMONT
MONTFERRAT
PARMA
TUSCAN
MODE
ALPS
APENNINES
Po River
TURIN
MILAN
ALESSANDRIA
GENOA
LAKE GARDA

Napoleon의 계획

27세의 약관에 Italy 지역군 최고사령관으로 부임한 Napoleon Bonaparte는 37,000명으로 Austria-Piedmont군 연합군 60,000명에 대하여 지중해를 등진 채 병력배치시켰다. Napoleon은 연합군 중앙을 공격, 적을 양분하고 각개격파할 계획을 세웠다.

Italy전역 1796—97
1796. 3. 27—4. 8 상황

SCALE OF MILES

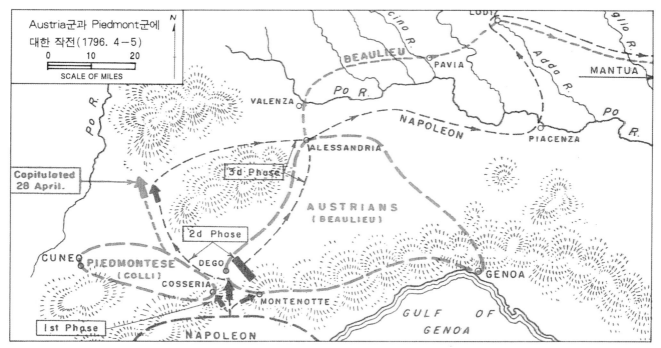

제1단계 작전(1796. 4.12－14)
Napoleon은 Montenotte, Cosseria, Dego 등에서 적을 공격·격파하고 적이 통과하기 어려운 산악지대의 이점을 이용하여 Austria군과 Piedmont군을 양분하는데 성공하였다.

제2단계작전(1796. 4.15－28)
Napoleon은 소수부대로 Austria군을 견제하고 대부대로 Piedmont군에 대하여 계속적인 포위 공격을 감행하여 결국 항복을 받아냈다.

제3단계작전(1796. 4.29－5.30)
Napoleon은 전부대를 Austria군에 전환시켰다. 그는 Po강, Adda강, Mincio강을 차례로 건너면서 추격하고 결국 Mantua 요새에 갇힌 적을 포위하였다.

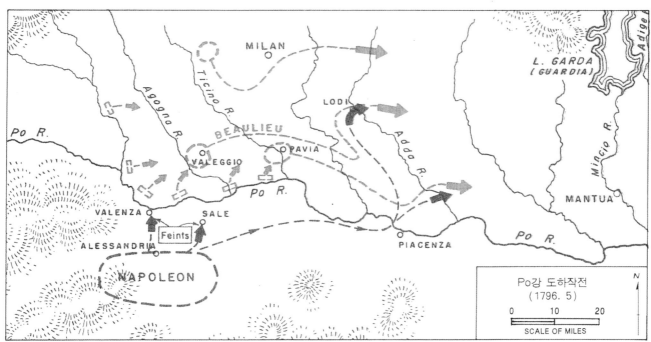

Napoleon군 Piacenza에서 기습 도하
Piedmont군 패배 후 오스트리아군은 Po강 진지로 후퇴하였다. Beaulieu는 Valenza와 Sale 부근에서의 Napoleon의 양동 작전에 걸려들어 그곳에 주력을 배치하였다. 그러나 Napoleon은 Po강 남쪽에서 신속히 진격한 다음 Piacenza에서 기습적으로 Po강을 도하함으로써 적 철수로를 차단하는데 성공하였다.

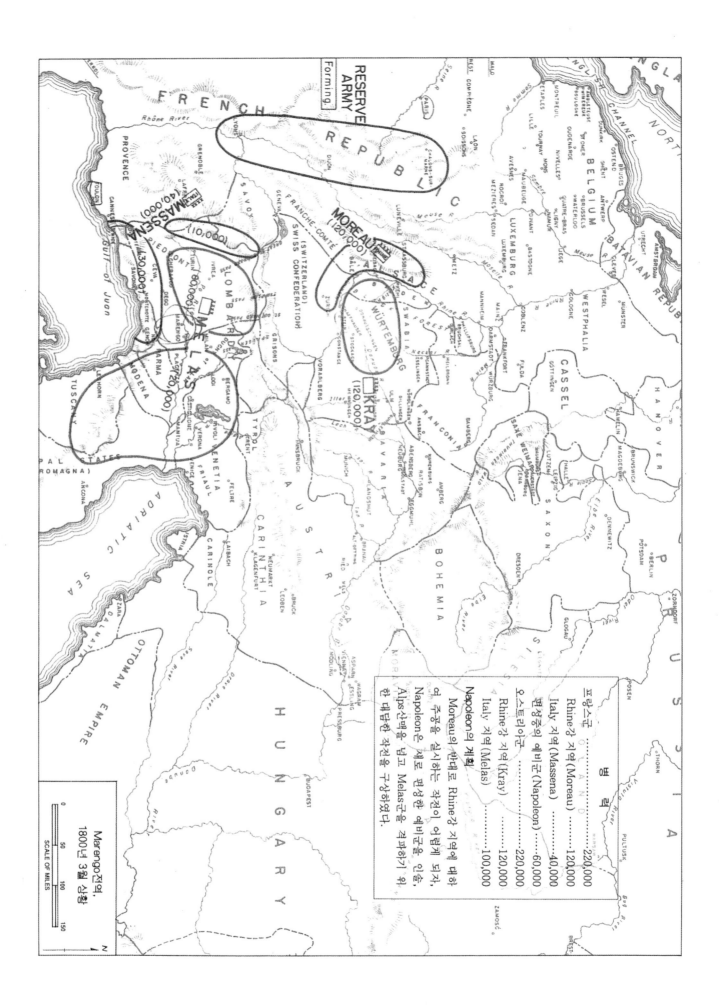

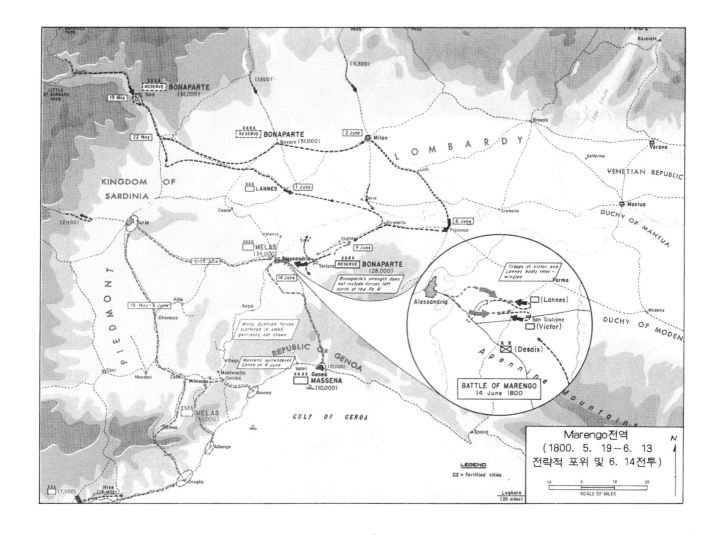

Alps 횡단

Napoleon군 주력은 5.14 St. Bernard 통로를 이용, 전진을 개시 5.22 Alps 횡단을 완료하였다.

Po강 도하

Napoleon군은 6.6 Po강을 도하하여 Melas군의 병참선을 차단하였으나 6.12까지 Po강 남쪽과 북쪽에 병력이 너무 분산되어 있었다.

Marengo 전투

6.14 Melas는 Vienna에 이르는 병참선을 재개하기 위하여 Bormida강을 건너 공세를 개시하였다. Lannes군과 Victor군은 대혼잡을 이룬 상태에서 San Giuliano로 일단 철수하였다. Napoleon은 그날 늦게 도착한 Desaix군의 가세로 반격을 시도하고 경계대책 없이 종대대형으로 추격해온 적에 대하여 무자비한 공격을 실시하여 승리를 거두었다.

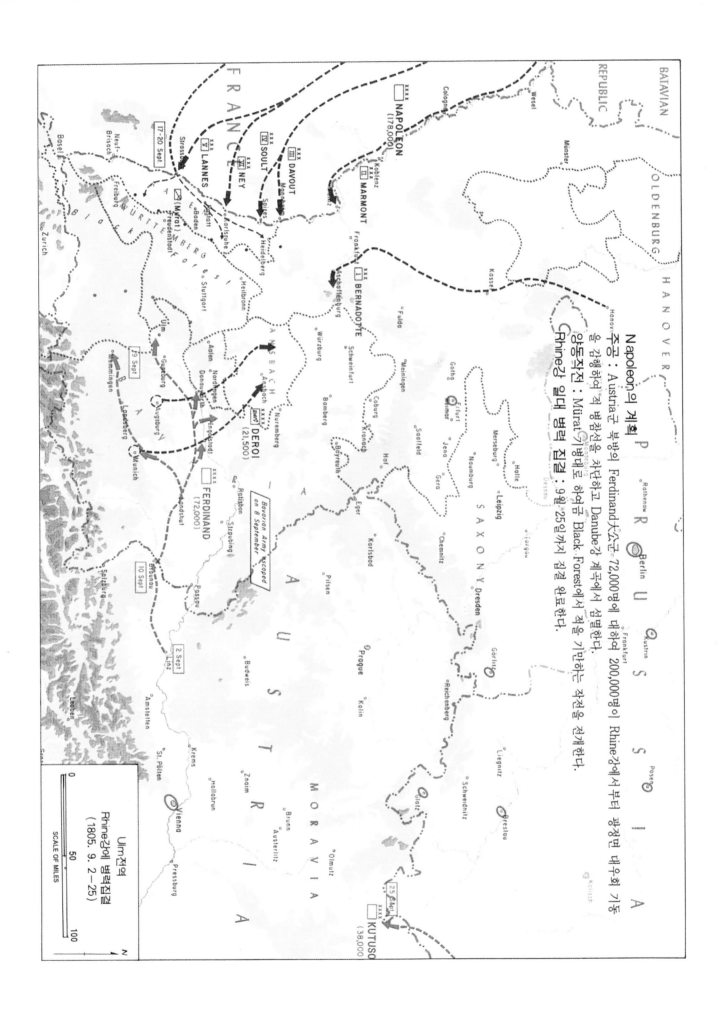

Napoleon의 계획

주공 : Austria군 북방의 Ferdinand大公군 72,000명에 대하여 200,000이 Rhine강변에서부터 광정면 대우회 기동
을 감행하여 적 병참선을 차단하고 Danube강 계곡에서 섬멸한다.

양동작전 : Mürat기병대로 하여금 Black-Forest에서 적을 기만하는 작전을 전개한다.

Rhine강 일대 병력 집결 : 9월 25일까지 집결 완료한다.

Ulm전역
Rhine강에 병력집결
(1805. 9. 2 - 25)

40

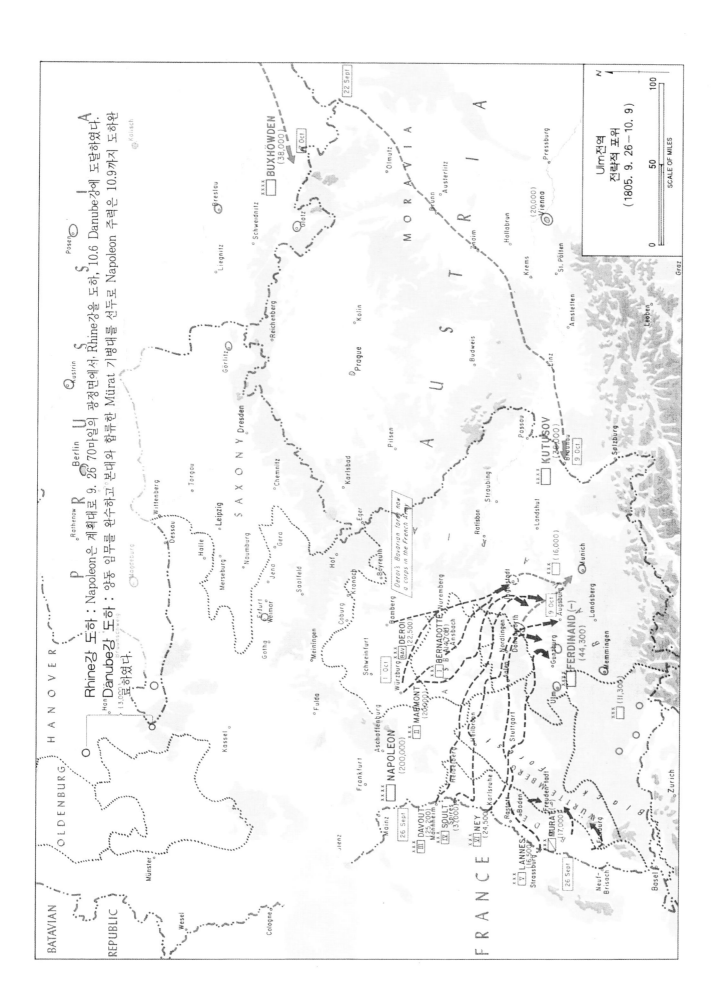

Rhine강 도하 : Napoleon은 계획대로 9. 26 70마일의 광정면에서, Rhine강을 도하, 10.6 Danube강에 도달하였다.

Han Danube강 도하 : 양동 임무를 완수하고 본대와 합류한 Mürat 기병대를 선두로 Napoleon 주력은 10.9까지 도하완 료하였다.

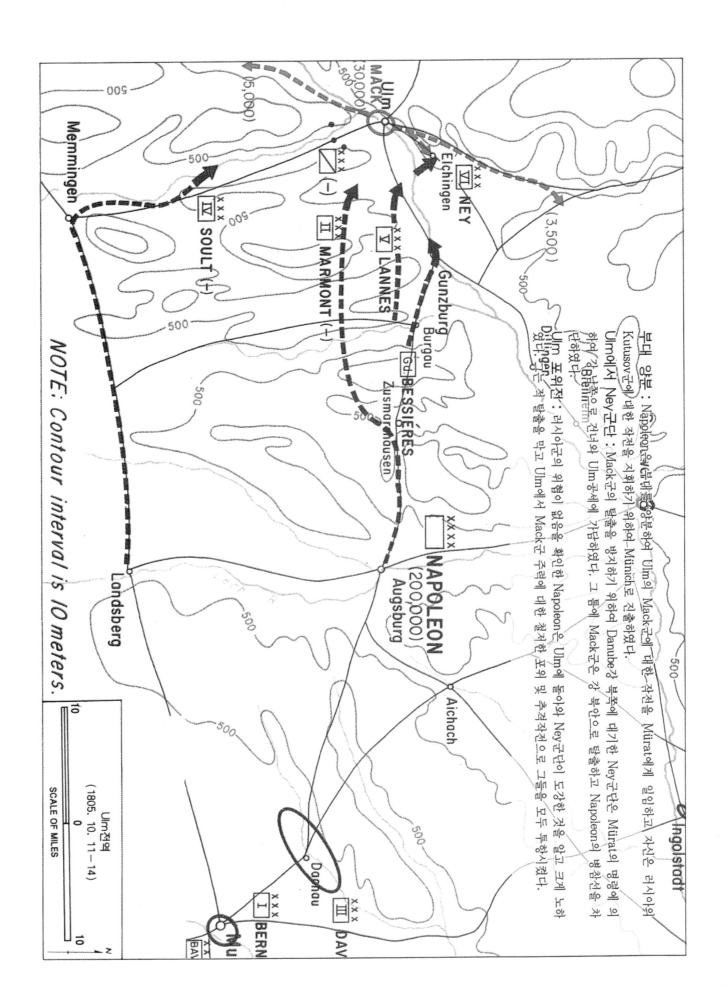

부대 약부 : Napoleon으로부터 명령을 받고하여 Ulm의 Mack군에 대한 작전을 지휘하기 위하여-München로 진출하였다. Kutusov군에 대한 작전을 지휘하기 위하여-München로 진출하였다. Ulm에서 Ney군단 : Mack군의 탈출을 방지하기 위하여 Danube강 북쪽에 대기한 Ney군단은 Mürat의 명령에 의하여 Ny나하으로 진격하여 Ulm공세에 가담하였다. 그 틈에 Mack군은 강 북안으로 탈출하고 Napoleon의 병참선을 차단하였다.

Ulm 포위전 : 러시아군의 위협이 없음을 확인한 Napoleon은 Ulm에 들어와 Ney군단이 도강한 것을 알고 크게 노하 였다. Dillingen에서는 철탈출을 막고 Ulm에서 Mack군 주력에 대한 철저한 포위 및 축차작전으로 그들을 모두 투항시켰다.

NOTE: Contour interval is IO meters.

Ulm전역
(1805. 10. 11 — 14)

SCALE OF MILES

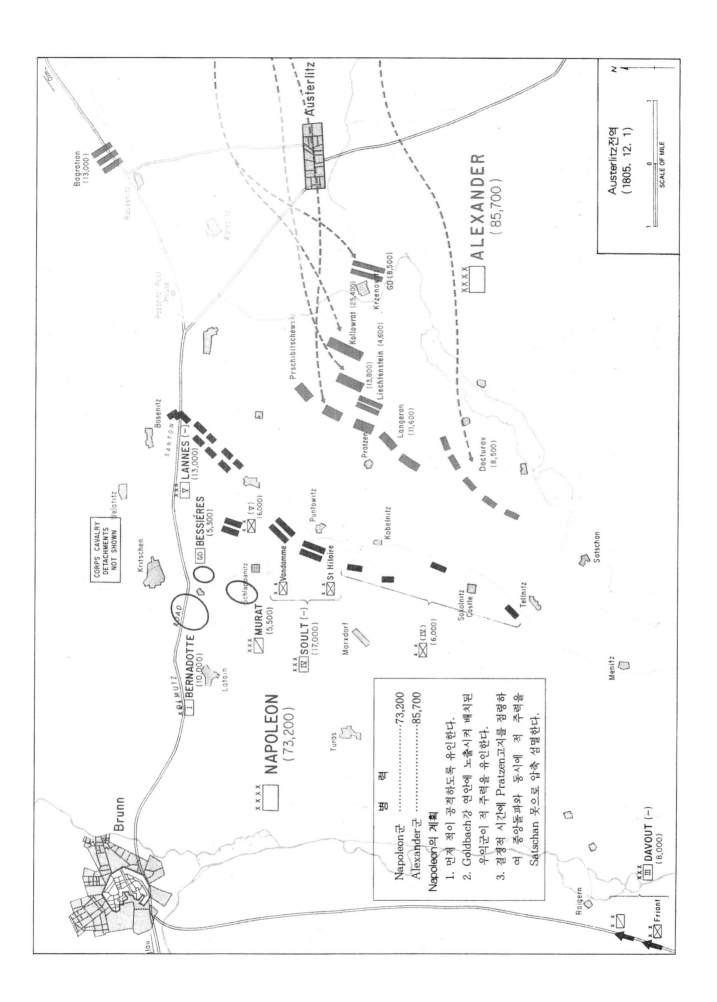

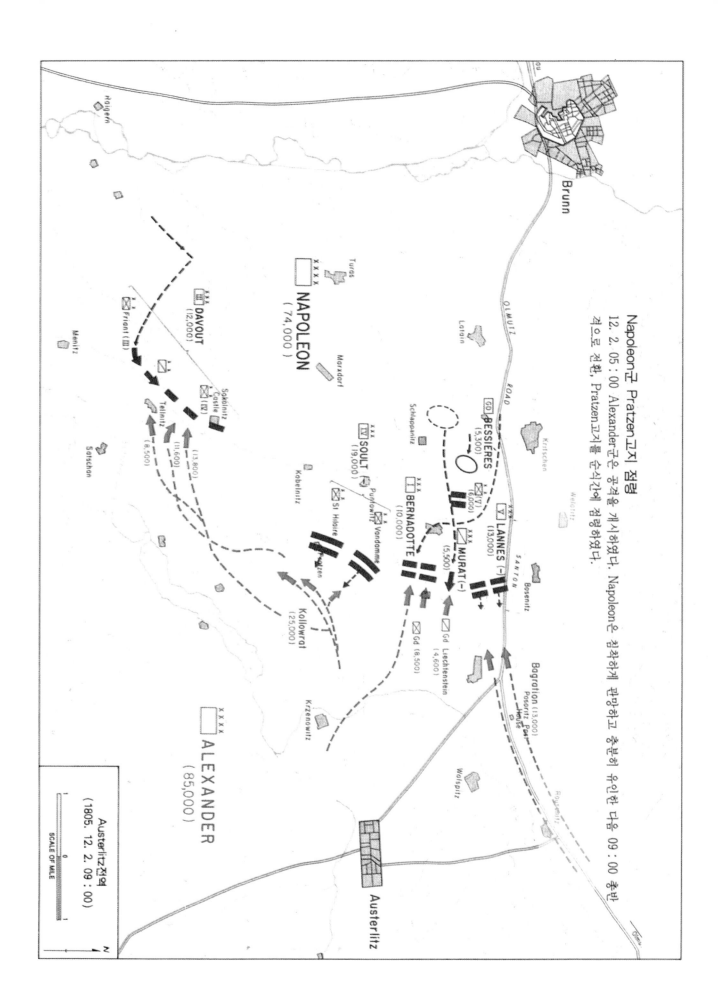

Napoleon군 Pratzen고지 점령

12. 2. 05 : 00 Alexander군은 공격을 개시하였다. Napoleon은 침착하게 관망하고 충분히 유인한 다음 09 : 00 총반격으로 전환, Pratzen고지를 순식간에 점령하였다.

NAPOLEON
(74,000)

ALEXANDER
(85,000)

Austerlitz전역
(1805. 12. 2. 09 : 00)

SCALE OF MILE

44

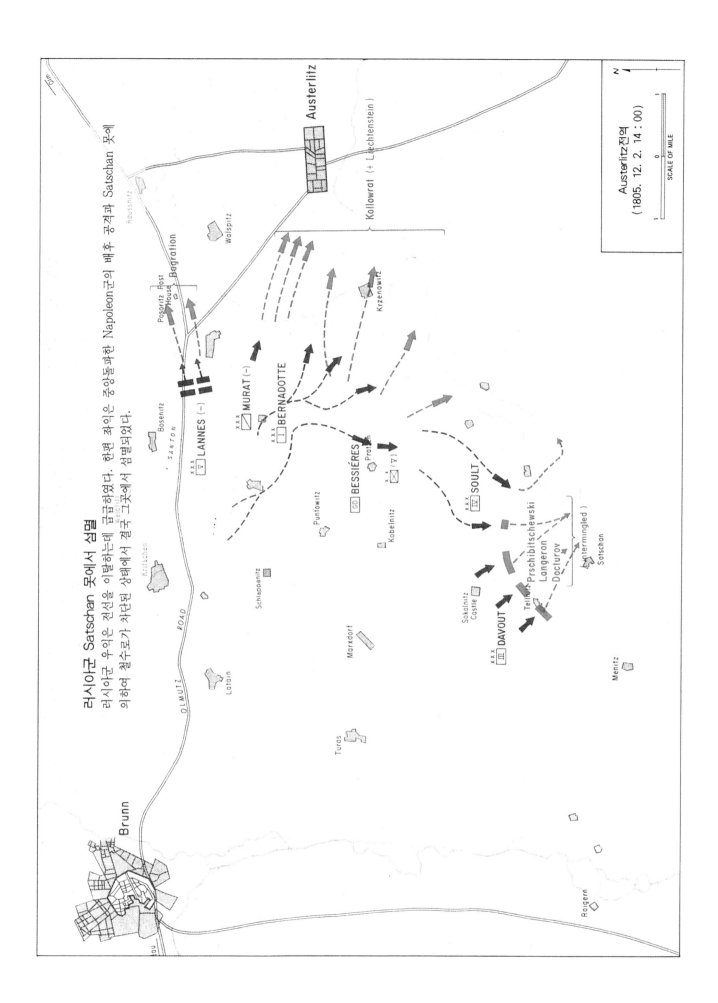

러시아군 Satschan 못에서 섬멸

러시아군 우익은 전선을 이탈하는데 급급하였다. 한편 좌익은 중앙돌파한 Napoleon군의 배후 공격과 Satschan 못에 의하여 철수로가 차단된 상태에서 결국 그곳에서 섬멸되었다.

Austerlitz전역
(1805. 12. 2. 14 : 00)

0   1
SCALE OF MILE

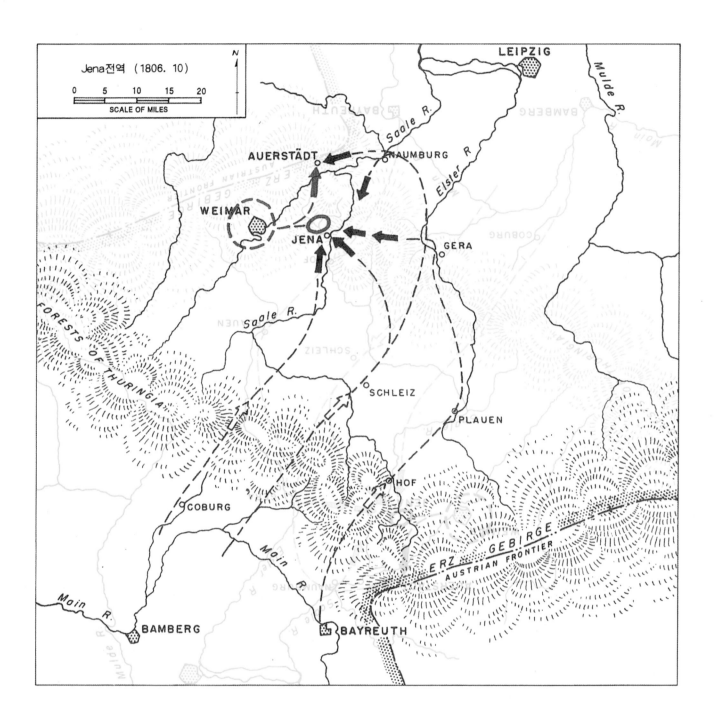

Jena와 Auerstädt전투

프랑스군은 산악지대를 통과하여 Jena 부근의 프러시아군에 대하여 광범위한 포위를 실시하였다. 통합지휘가 이루어지지 않은 프러시아군은 거의 포위될 때까지 아무런 의미있는 행동을 취하지 못하였다. 그리고 후위군으로서 병력의 반을 남겨놓고 나머지는 북방으로 철수하기 시작하였다. Napoleon은 주력을 Jena에 투입하고 Naumburg를 지나 우회한 Davout군은 Auerstädt에서 철수하는 프러시아군과 교전토록 하였다.

전투결과

양 전투에서 프러시아군은 크게 패하고 와해되었다. Napoleon은 철수하는 적에 대하여 무자비한 추격전을 실시, 1806. 11. 5까지 거의 모두를 격멸하고 포로로 획득하였다.

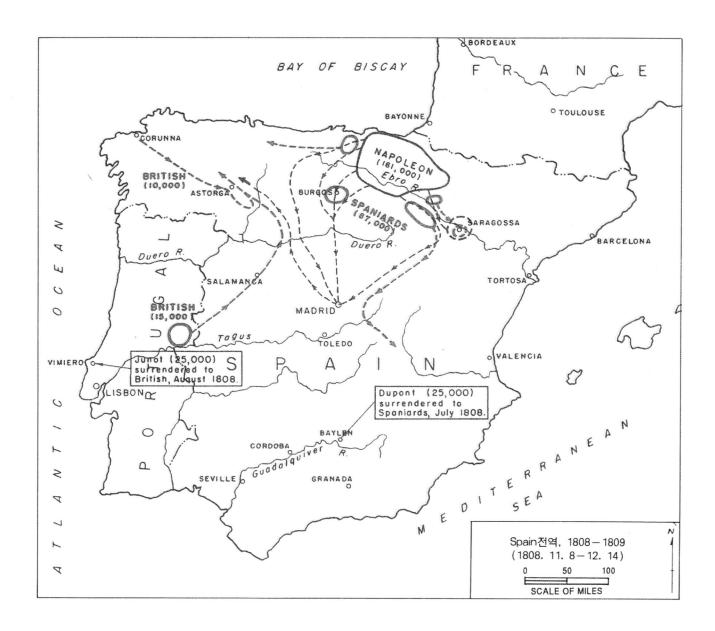

BORDEAUX

BAY OF BISCAY

F R A N C E

○ TOULOUSE

BAYONNE

CORUNNA

NAPOLEON
(161,000)
Ebro R.

BRITISH
(10,000)

ASTORGA

BURGOS

SPANIARDS
(87,000)

SARAGOSSA

BARCELONA

Duero R.

Duero R.

SALAMANCA

TORTOSA

BRITISH
(15,000)

MADRID

Tagus

TOLEDO

VALENCIA

VIMIERO ○

Junot (25,000)
surrendered to
British, August 1808.

LISBON

Dupont (25,000)
surrendered to
Spaniards, July 1808.

BAYLEN

CORDOBA

Guadalquiver R.

SEVILLE

GRANADA

M E D I T E R R A N E A N   S E A

A T L A N T I C   O C E A N

P O R T U G A L

S P A I N

Spain전역, 1808-1809
(1808. 11. 8-12. 14)

0   50   100

SCALE OF MILES

N

게릴라전 전개

1808년 Napoleon은 자기 형 Joseph을 스페인왕으로 봉하였다. 이는 스페인 국민들의 민족봉기를 유발시키고 게릴라전을 초래하였다.

Napoleon 진격

1808년 11월 Napoleon은 직접 대병력을 이끌고 스페인에 진격, 스페인 정규군을 격파하고 12. 4 Madrid를 점령하였다. 영국군은 Napoleon 대부대 출현소식을 듣고 북방으로 철수하였다.

결과

Napoleon군은 스페인 정규군과의 싸움에서는 이겼으나 국민, 게릴라, 자연과의 싸움에서 명쾌한 승리를 거두지 못하였다. 또한 다른 지역에서의 위협에도 불구하고 스페인에 20만명의 대병력을 계속하여 묶어 놓아야 하였다. 한편 스페인, 포르투갈, 영국 동맹군이 반격을 위하여 비축한 힘은 날로 증대되어 갔다.

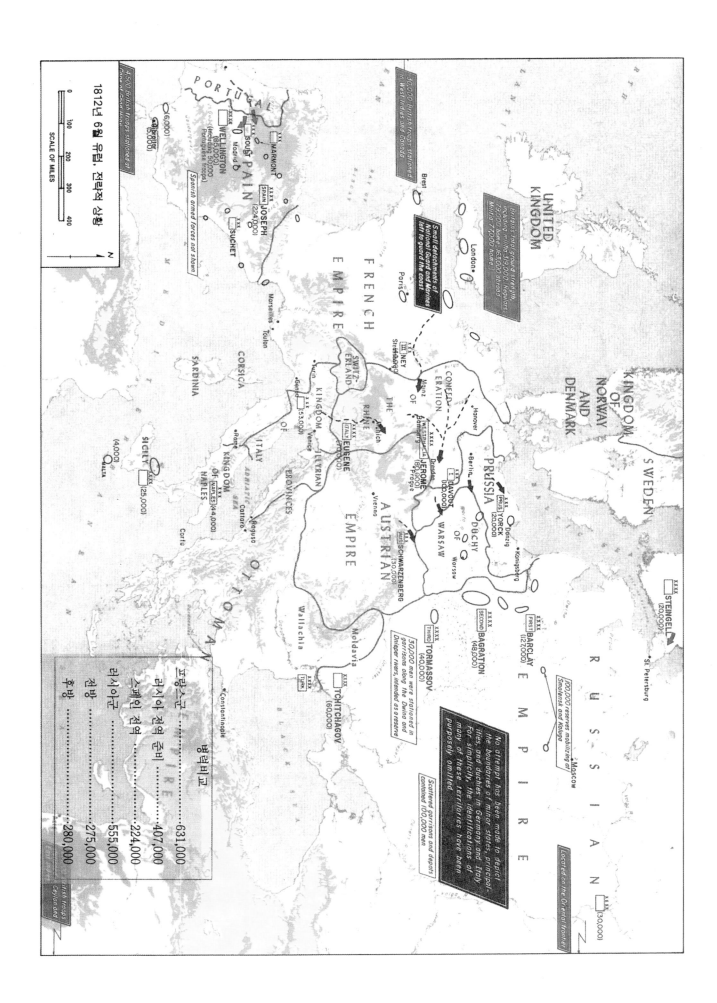

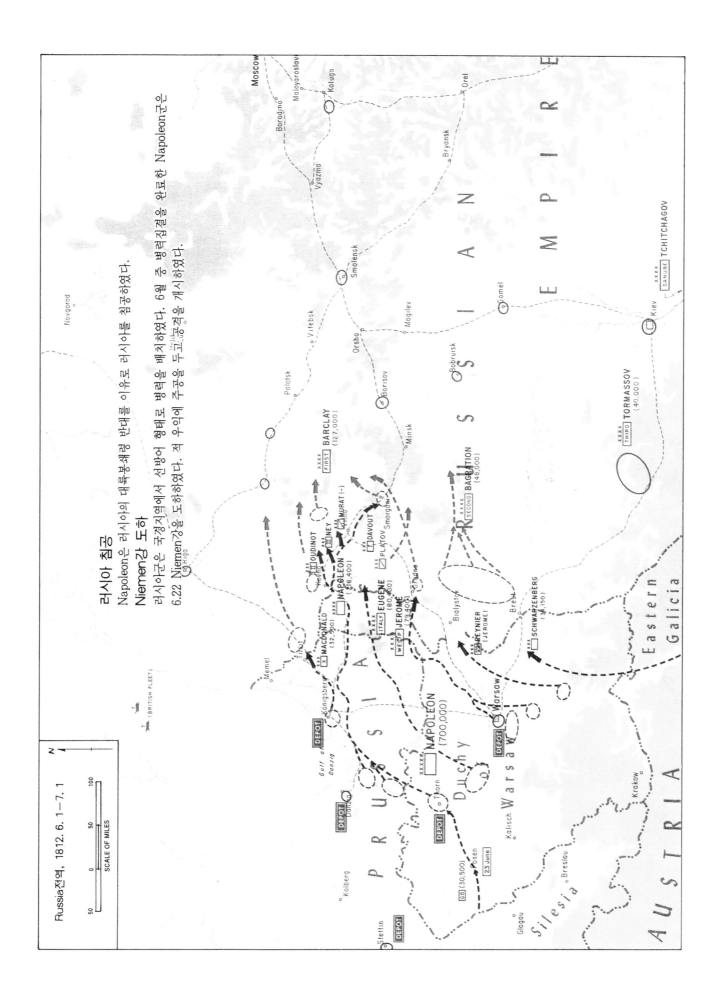

러시아 침공

Napoleon은 러시아의 대륙봉쇄령 반대를 이유로 러시아를 침공하였다.

Niemen강 도하

러시아군은 국경지역에서 선방어 형태로 병력을 배치하였다. 6월 중 병력집결을 완료한 Napoleon군은 6.22 Niemen강을 도하하였다. 적 우익에 주공을 두고 조공을 개시하였다.

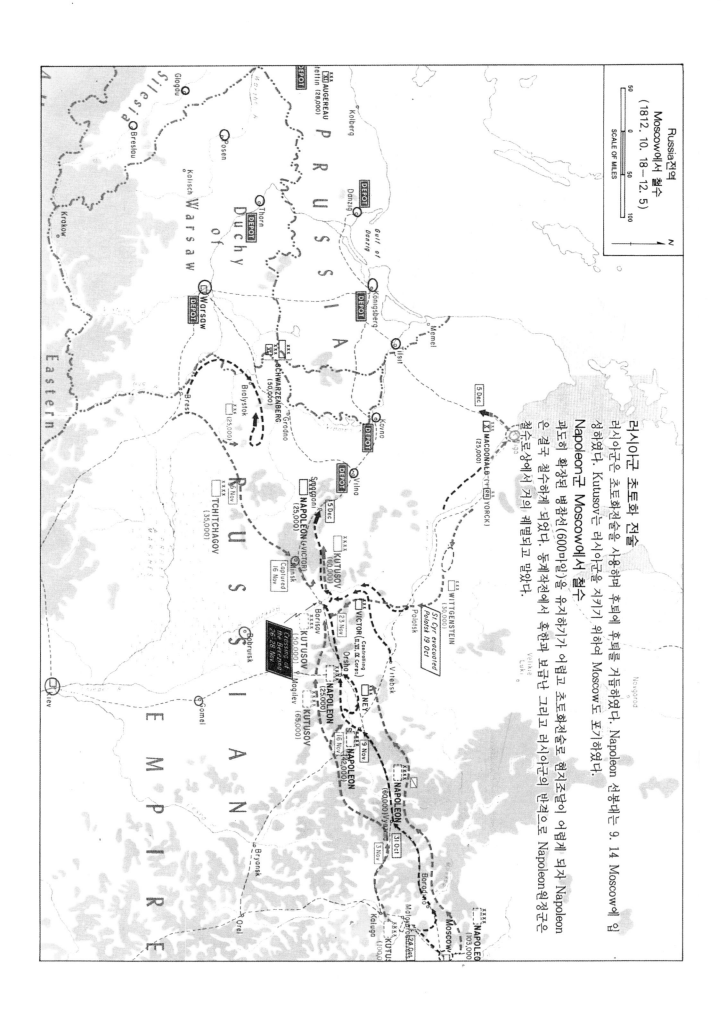

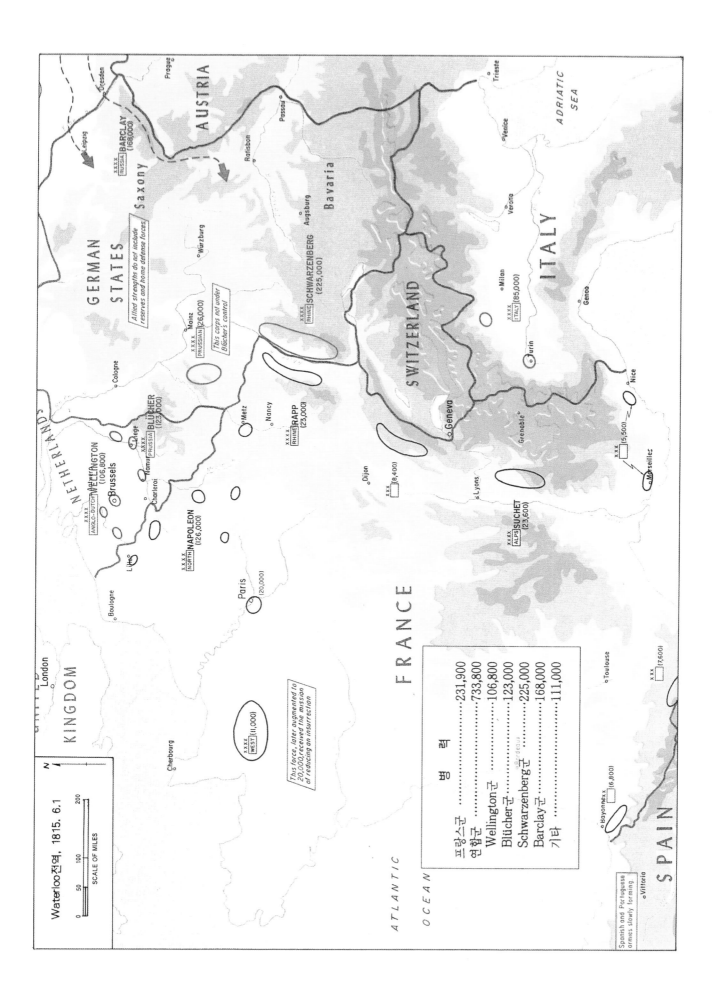

Waterloo전역, 1815. 6.1

SCALE OF MILES
0 50 100 200

N

KINGDOM

London

NETHERLANDS

Brussels
Liège
Namur
Charleroi

XXXX ANGLO-DUTCH WELLINGTON (106,800)

XXXX PRUSSIA BLÜCHER (123,000)

XXXX NORTH NAPOLEON (126,000)

Cherbourg

Boulogne

Cologne

Mainz
XXXX PRUSSIAN (26,000)

Metz
Nancy

XXXX RHINE RAPP (23,000)

Würzburg

Rafisbon

Passau

Augsburg

XXXX RHINE SCHWARZENBERG (225,000)

Leipzig

Dresden

Prague

AUSTRIA

Saxony

XXXX RUSSIA BARCLAY (168,000)

GERMAN STATES

Bavaria

Allied strengths do not include reserves and home defense forces.

This corps not under Blücher's control

SWITZERLAND

Geneva

Grenoble

Dijon

Lyons

XXX (8,400)

XXXX ALPS SUCHET (23,600)

Paris

(20,000)

FRANCE

XXXX WEST (11,000)

This force, later augmented to 20,000, received the mission of reducing an insurrection

Trieste

Venice

Verona

ITALY

Milan

Turin

XXXX ITALY (85,000)

Genoa

Nice

XXX (5,500)

Marseilles

ADRIATIC SEA

ATLANTIC

OCEAN

Toulouse

Bayonne

Vittoria

SPAIN

XXX (7,600)

XXX (6,800)

Spanish and Portuguese armies slowly forming.

병력

프랑스군	231,900
연합군	733,800
Wellington군	106,800
Blücher군	123,000
Schwarzenberg군	225,000
Barclay군	168,000
기타	111,000

51

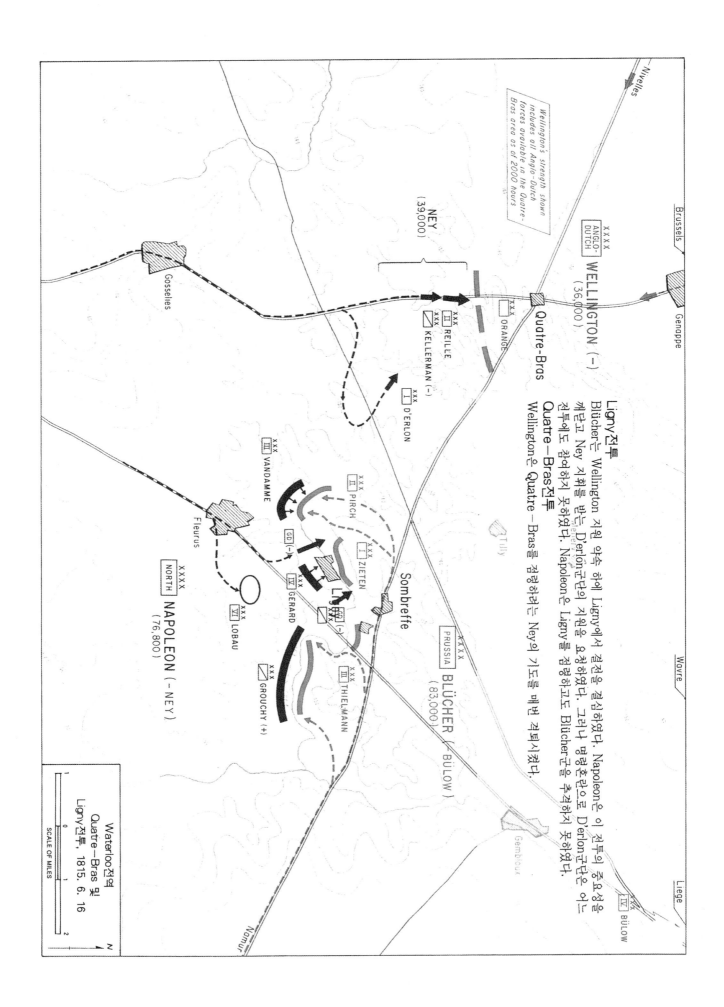

Ligny전투
Blücher는 Wellington 지원 약속 하에 Ligny에서 결전을 결심하였다. Napoleon은 이 전투의 중요성을 깨닫고 Ney 지휘를 받는 D'erlon군단의 지원을 요청하였다. 그러나 방향훈란으로 D'erlon군단은 어느 전투에도 참여하지 못하였다. Napoleon은 Ligny를 점령하고도 Blücher군을 추격하지 못하였다.
Quatre-Bras전투
Wellington은 Quatre-Bras를 점령하려는 Ney의 기도를 매번 격퇴시켰다.

Wellington's strength shown includes all Anglo-Dutch forces available in the Quatre-Bras area as of 2000 hours

WELLINGTON (−)
(36,000)

NEY
(39,000)

NAPOLEON (− NEY)
(76,800)

BLÜCHER (− BÜLOW)
(83,000)

Waterloo전역
Quatre-Bras 및
Ligny전투, 1815. 6. 16

SCALE OF MILES

52

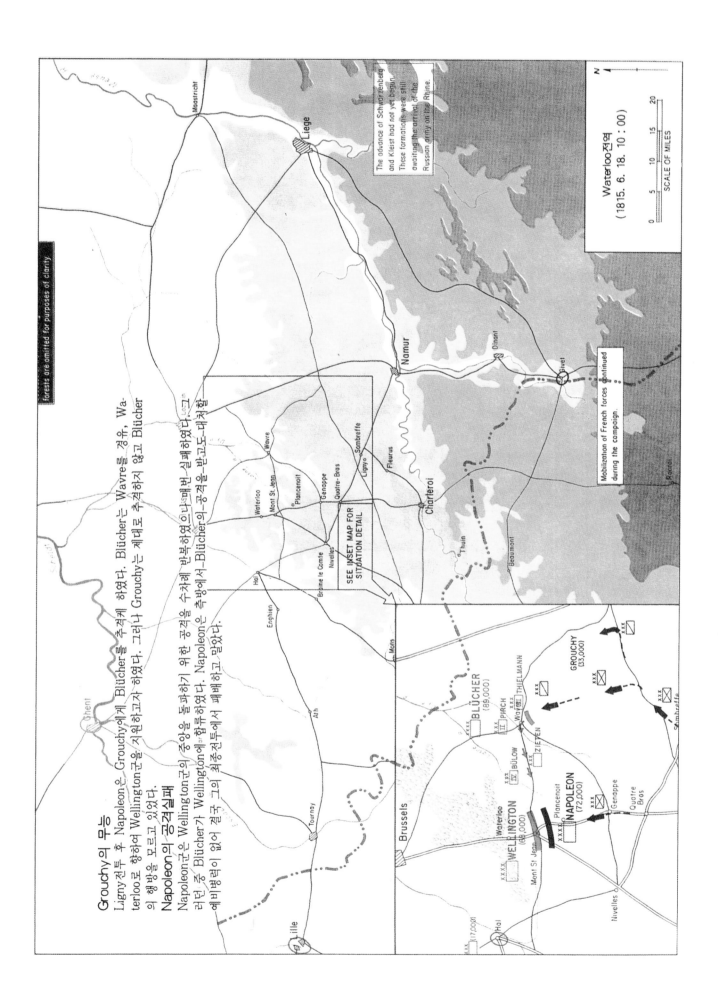

Grouchy의 무능

Ligny전투 후 Napoleon은 Grouchy에게 Blücher를 추격케 하였다. Blücher는 Wavre를 경유, Waterloo로 향하여 Wellington군을 지원하고자 하였다. 그러나 Grouchy는 제대로 추격하지 않고 Blücher의 행방을 모르고 있었다.

Napoleon의 공격실패

Napoleon군은 Wellington군의 중앙을 돌파하기 위한 공격을 수차례 반복하였으나 매번 실패하였다. 그러던 중 Blücher가 Wellington에 합류하였다. Napoleon은 측방에서 Blücher의 공격을 받고도 대처할 예비병력이 없어 결국 그의 최종전투에서 패배하고 말았다.

forests are omitted for purposes of clarity

The advance of Schwärzenberg and Kleist had not yet begun. These formations were still awaiting the arrival of the Russian army on the Rhine.

Mobilization of French forces continued during the campaign.

SEE INSET MAP FOR SITUATION DETAIL

Waterloo전역
(1815. 6. 18. 10 : 00)

SCALE OF MILES
0 5 10 15 20

BLÜCHER (89,000)
GROUCHY (33,000)
NAPOLEON (72,000)
WELLINGTON (68,000)

1810년 유럽 영토분할

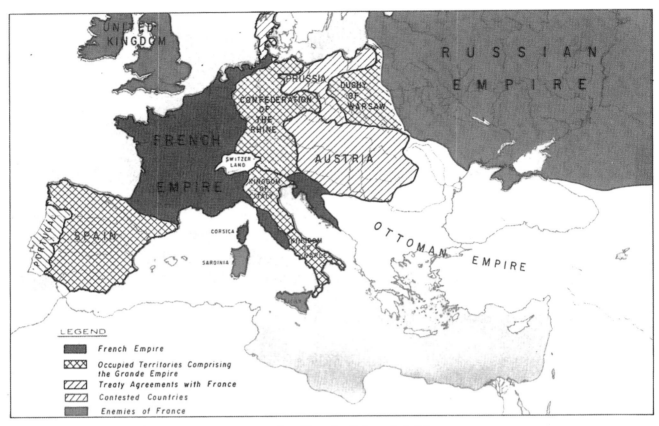

LEGEND

- French Empire
- Occupied Territories Comprising the Grande Empire
- Treaty Agreements with France
- Contested Countries
- Enemies of France

1815년 유럽 영토분할

청·일 및 러·일 전쟁

- 청·일 전쟁
- 러·일 전쟁

청 · 일 전쟁(I)

청군 : 1894. 6. 9일 아산만에 상륙한 엽지초군은 성환에서 방어 중이었다. 또한 평양에는 13,500여명이 있었다.

일군 : 6. 12~29일 간에 3,000여명을 인천에 상륙시켜 서울을 거쳐 성환으로 남진, 청군을 격파하려고 하였다. 성환 전투에서 청군을 격파 후 서울을 거쳐 평양으로 향하여 3면에서 공격하는 한편 원산으로 상륙한 원산지대를 평양에 투입하였다. 평양전투에 이어 제5사단과 제3사단은 압록강으로 진출하였다. 10. 26일 압록강을 도하, 구련성과 봉황성을 점령하고 만주지역 작전에 돌입하였다.

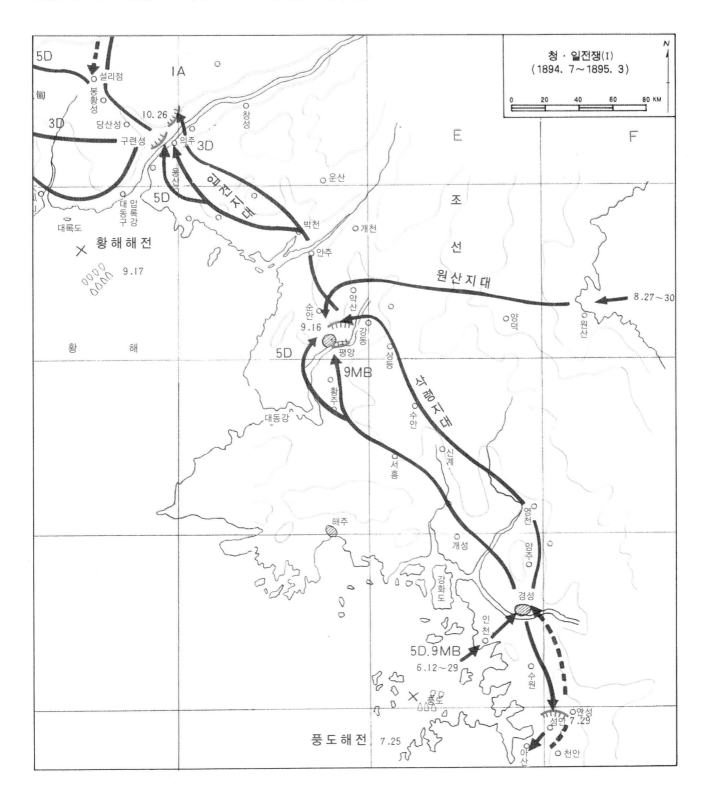

청 · 일전쟁(II)

일본군의 침략

• 9. 17일 황해해전에서 청함대를 격파하여 제해권을 장악함으로써 10. 24~11. 2일간에 제2군이 화원구로상륙, 요동반도로 진출, 금주와 대련을, 그리고 1. 22일에는 여순을 점령하였다.

• 제1사단은 개평으로 북상 영구, 전장대를 공격하였다. 한반도에서 북상한 제1군은 제3사단과 제5사단으로 해성과 안산첨으로 공격, 3. 5일에는 우장을 공격하였다.

• 한편 여순을 점령한 제2군 예하 제2·6사단은 산동성에 있는 청국의 북양수사를 공격, 영성만으로 상륙 지상으로 위해위를 2. 12일 점령하였다.

• 만주 지역이 종료된 후 직예결전을 준비 중이었으나 휴전조약체결로 실시하지 않았다.

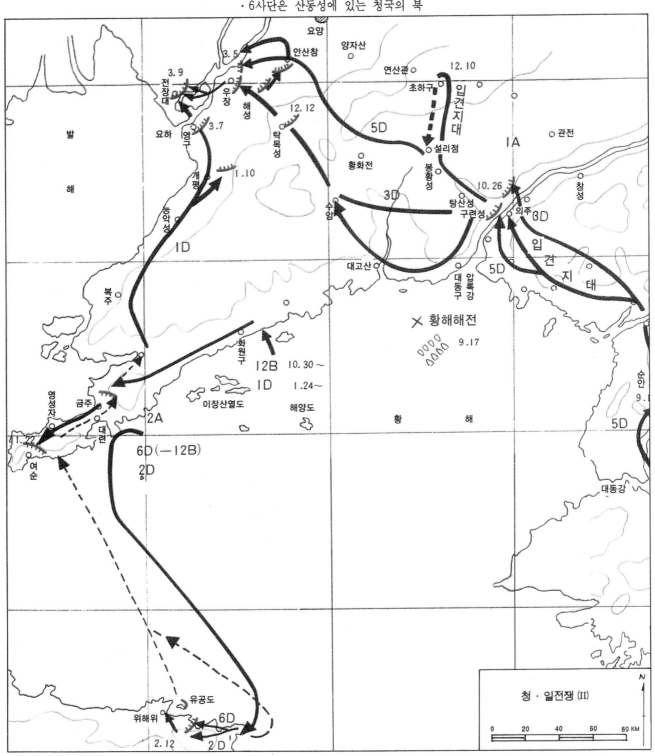

러·일 전쟁(I)

일본군의 작전계획: 중점을 조기결전에 두었다. 제해권을 장악한 후 제1군이 한반도를, 제2군이 여순지구, 제1.2군 사이에 독립 10사단을 상륙시킨다는 것이 최초 단계이다.

러시아계획

· 해군력 이용. 지연전
· 요양·해성에서 일본군 견제. 여순요새 이용 시간을 벌고 시베리아 병단과 발틱함대 증원.

경과

· 1904. 3. 8～3. 29일 진남포에서 제1군 상륙.
· 압록강으로 진출 4. 29일 압록강 도하 요양 방면으로 진출.
· 제10사단은 5. 19～5. 30일 대고산에 상륙. 요양 방면으로 진출.

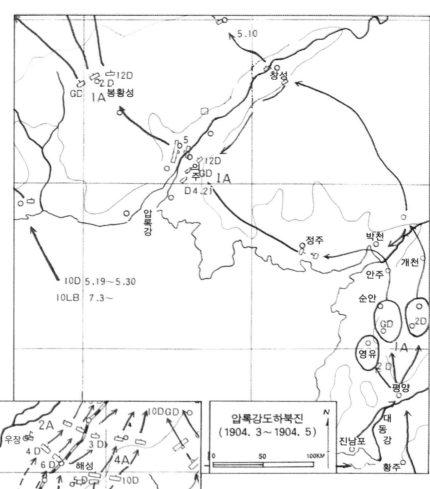

압록강도하북진
(1904. 3 ～ 1904. 5)

· 제2군은 5. 5～5. 13일간에 요동반도 염대오로 상륙, 2군주력(3.4.5.6사단)은 개평 방면으로 북상하여 10사단이 증편 4군이 된 중앙군과 협력, 요양을 공격하도록 하였다.
· 제3군(제1.7.9.11사단)은 여순을 공격하였으나 점령하지 못하였다. 많은 희생자를 내고 12월 4일에야 점령하였다. 점령 후 요양 방면으로 북상 작전에 합류하였다(여순점령에 155일 소요).

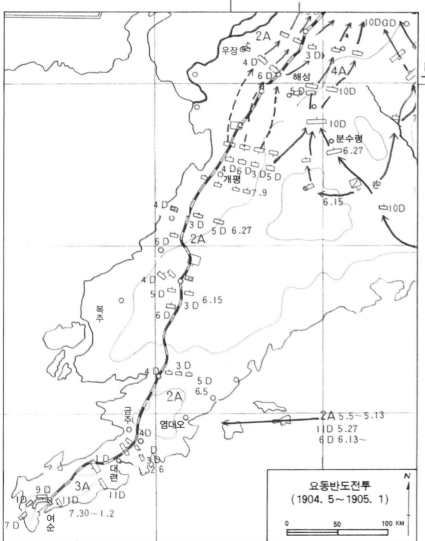

요동반도전투
(1904. 5 ～ 1905. 1)

러 · 일 전쟁(II) : 여순요새전투

일군공격

- 1904. 8. 19. 06 : 00 공격개시(청일 전쟁 경험으로 요새 경시) 강습 · 탈취방법 사용. 21일 15,860명의 사상자를 내고 제1회 공격 실패.
- 10. 24일 제2회공격, 정공대호작업법을 사용, 공격하였으나 3,830명의 손실을 내었다. 예비대인 제7사단을 추가 투입하였다.

- 11. 26일 제3회 공격을 실시하였으나 성공하지 못하자 주공방향을 203고지 방향으로 전환, 11. 30일 집중 포화 속에서 돌격을 시작하였다. 28cm 포로 5,000발을 발사하면서 돌격, 12. 5일 5,052명의 사상자를 내고 점령하였다. 203고지에서 여순항에 대하여 포격을 개시 일본군은 1905년

1월 13일 입성하였다.
- 일본군 손실 : 59,000명, 러시아군 손실 : 40,000명

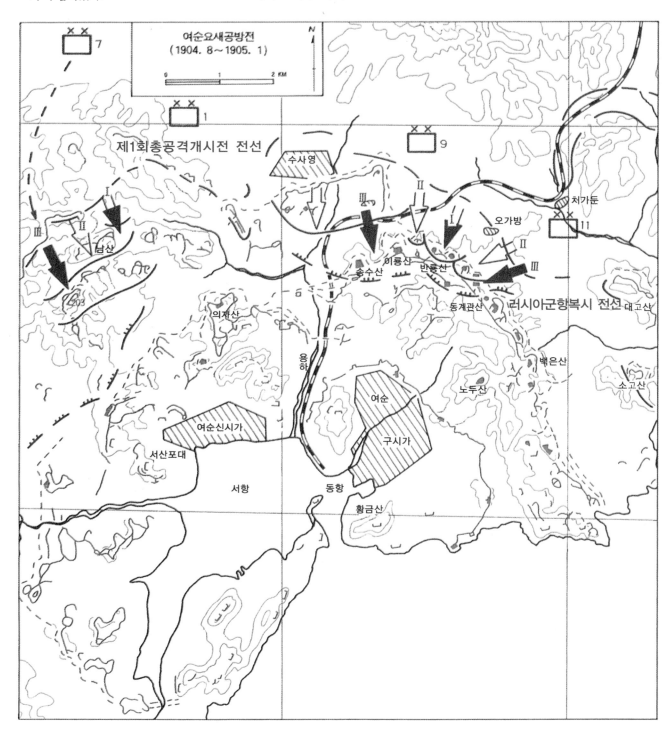

여순요새공방전
(1904. 8~1905. 1)

러 · 일 전쟁(Ⅲ) : 봉천전투

일본군계획
병력규모 : 제1·2·3·4군
압록강군으로 19개사단 249,000명(러
시아군 : 309,000명)
① 압록강군은 무순방향으로 전진, 러
시아군의 좌측 배후를 위협한다.
② 제1군은 좌익을 공격한다.
③ 제4군은 중앙을 노리되 하시라도 반
격준비를 한다.

④ 제2군은 우익을 압박한다.
⑤ 제3군은 우측 배후를 공격한다.

경과
1905. 3. 1일 총공격 개시 7일까지 성
과없었다. 제1군 예하 여단을 압록강군
으로 증원, 러시아군은 정면 병력을 양
익으로 전환, 일본군 제3군과 압록강군을
대적케 하였다. 제1·4군 정면 배치가 약

화되자 제1·4군이 중앙돌파로 봉천 동
북방으로 진출하였다. 양익으로 포위망
을 형성하려 하였으나 실패하고 러시아
군은 철수하였다. 3. 10일 점령하였으
며 양군 공히 70,000명을 넘는 손실을
초래하였다. 9. 5일 강화조약이 조인되
어 개전 20개월로 종결되었다.

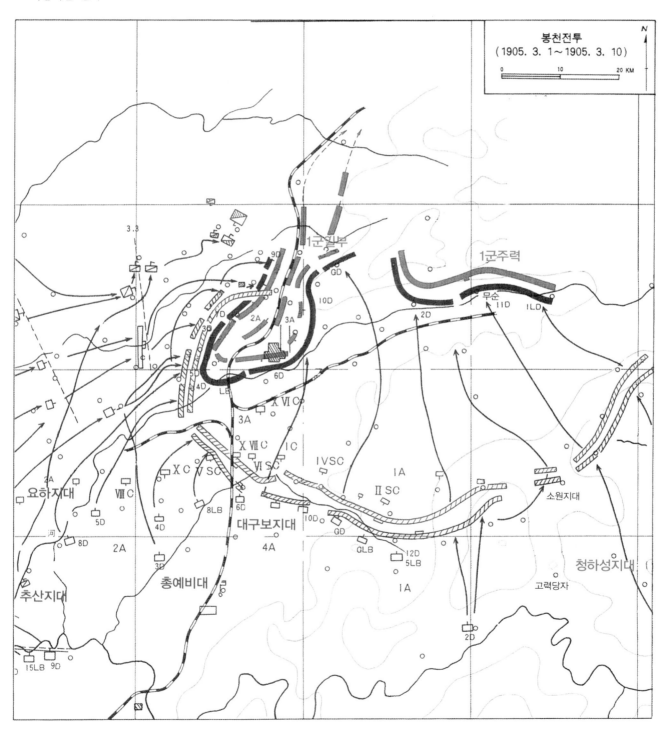

봉천전투
(1905. 3. 1 ~ 1905. 3. 10)

제1차 세계대전

- 각국의 작전계획
- 1914년 국경선 전투
- 마른(Marne) 전역
- 탄넨베르크(Tannenberg) 전역
- 갈리시아(Galicia) 전투
- 마수리아(Masuria) 동계 전투
- 고를리체-타르노프(Gorlice-Tarnow) 돌파전
- 전선교착
- 베르됭(Verdun) 전투
- 솜(Somme) 전투
- 브루실로프(Brusilov) 공세
- 루마니아(Rumania) 전역
- 카포레토(Caporetto) 전투
- 발칸(Balkan) 전역
- 니벨(Nivelle) 공세
- 독일군의 5차 공세
- 연합군 반격

각국의 작전계획(I)

독일군계획
Schlieffen계획

① 선프랑스 후러시아 : 오스트리아 지원하에 최소한 병력으로 러시아군 저지, 우측에 주력을 두어 일익포위로 프랑스를 분쇄한다.

② 우익에 5개군(35개군단) 좌익에 2개군(5개 군단)을 배치 7 : 1의 비율을 유지한다.

③ 단기결전을 위해 Verdun—Toul—Epinal—Belfort 요새를 회피, Liege, Brussels, Amiens, 파리서방으로 프랑스 좌익을 포위 공격한다.

④ Metz 남방에서는 방어 혹은 전략적 후퇴로 프랑스군을 유인 후 우측포위, 성공시 반격한다.

Moltke수정계획

① 네덜란드 중립을 존중한다.

② 좌익군의 반격을 위해 우익 병력을 돌려 좌익을 증강한다.

③ 우익보다 좌익을 지원할 수 있는 위치에 6개 예비군단을 위치시킨다.

④ 우익병력 일부로 동부전선 방어를 증강시킨다.

⑤ 우익과 좌익 병력 비는 7 : 1에서 3 : 1로 되었다.

프랑스군계획 (17계획)

Alsace, Lorraine으로의 공격 위주 계획.

독·불 국경선을 연해 우에서 좌로 1·2·3·5군 순으로 배치하고 제4군은 독일군이 벨기에 침공시 제5군 좌측으로, 스위스쪽 침공시는 그 우측으로 배치하기 위해 3군 뒤에 둔다. 3개 예비사단은 측면 보호를 위해 각 방어선 측방에 투입한다.

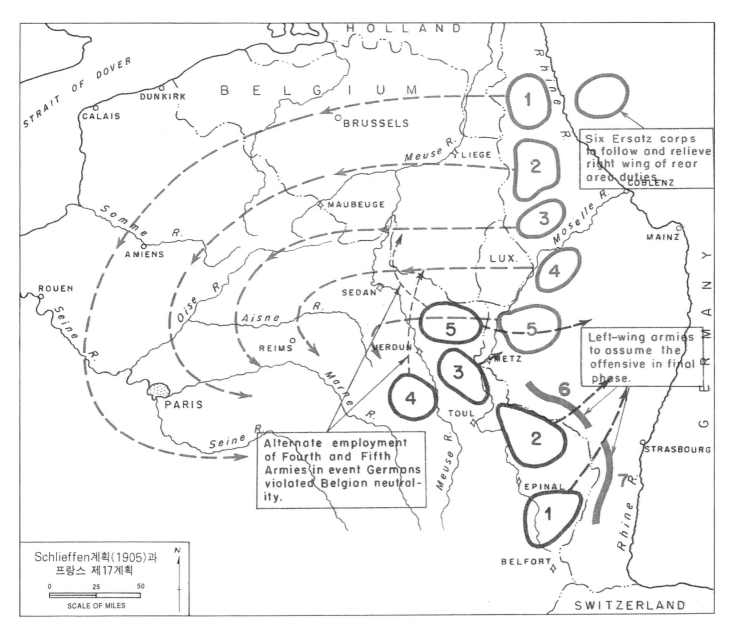

65

각국의 작전계획(Ⅰ)

오스트리아군계획

- B계획 : 세르비아와 단독교전시
  제2·5·6군이 세르비아 공격
  제1·4·3군은 러시아공격에 대비
- R계획 : 세르비아·러시아와 동시교전시
  제5·6군으로 세르비아를 공격
  제1·4·3·2군으로 러시아에 대항

러시아군계획

- A계획 : 독일이 서부전선에 주공을 둘 때
  제1·2군으로 동프러시아 공격
  제4·5·3·8군으로 오스트리아 공격
- G계획 : 독일이 동부전선에 주공을 둘 때
  제1·2·4군으로 방어
  제5·3·8군으로 오스트리아군 방어

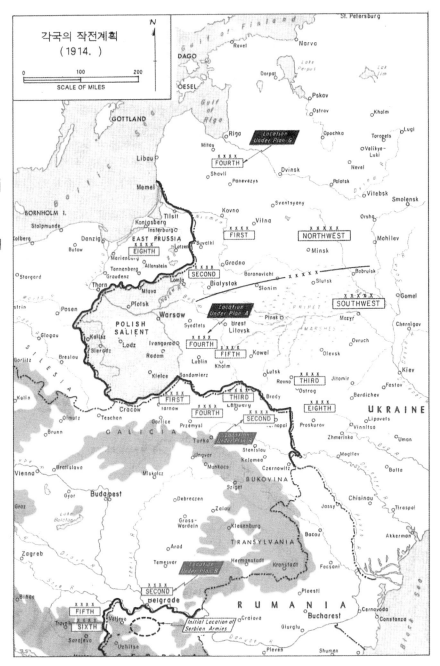

1914년 국경선전투(I)

- 독일은 8월 3일 대프랑스 선전포고를 하고 4일 1·2·3군은 벨기에로 진격. 벨기에는 Liege 요새에서 저항, 8월 16일까지 진출 지연(리에즈에는 6개 사단의 수비대가 방어)
- 리에즈를 점령하지 못하면 1·2군 진출 곤란, 이에 독일군은 6개 보병사

단의 특수임무 부대로 공격 16일 점령, 17일 진출 개시(10간 지체되었다)
- 독일군 3·4군은 Ardennes에서 프랑스 3·4군을 패퇴시키고 8월 22일 Meuse서방으로 진출
- 독일군 2·3군은 Sambre강선에서 프

랑스 5군을 패퇴시킴.
- 우익 1군은 8월 20일 Brussels 점령, 26일에는 Le Cateau에서 영국 원정군 격파하고 서남방으로 진격
- Moltke는 8월 25일 Namur 점령 후, 2개 군단을 동부로 전용 지시

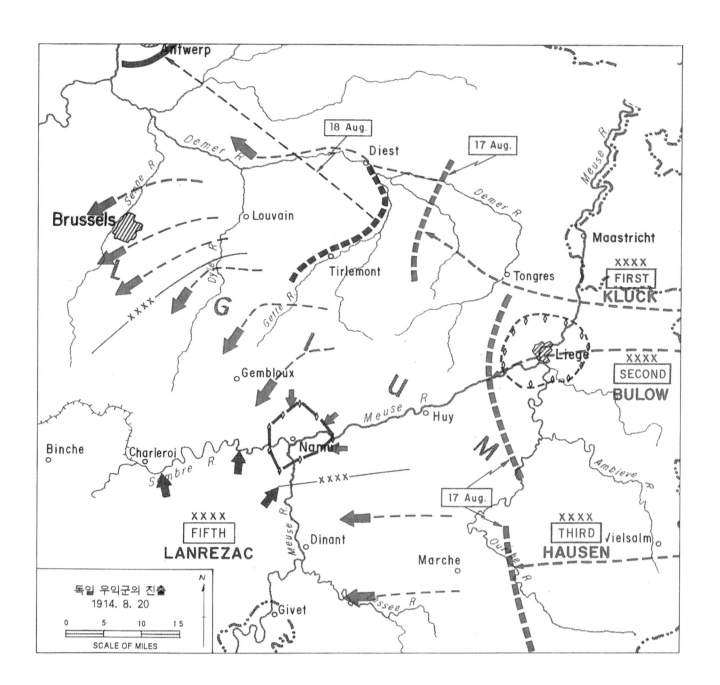

국경선 전투(II)

- 독 1군은 8. 20일 부르셀 점령 후 서 남진 8월 24일 Mons전투. 8. 26일 Le Cateau전투에서 영원정군 대파 계속 서남진하였다.
- 독 2군과 3군은 Sambre강 선상에서 프랑스 5군을 협공 패퇴시켰다.

- 독 4군과 5군은 Meuse강까지 진출 하였다가 프랑스군 제4·3군의 반격으 로 일시 저지당하였다. 그러나 격전 끝에 프랑스군을 격파하고 기동을 시 작하였다.
- 독일 제6군은 프랑스 제2군의 공격을

받아 작전상 철수를 하였다(8. 14~ 20일). 독일군은 수세공격 계획이었 기 때문에 반격을 하여 프랑스군을 최초 진지인 Nancy 부근까지 격퇴시 켰다.

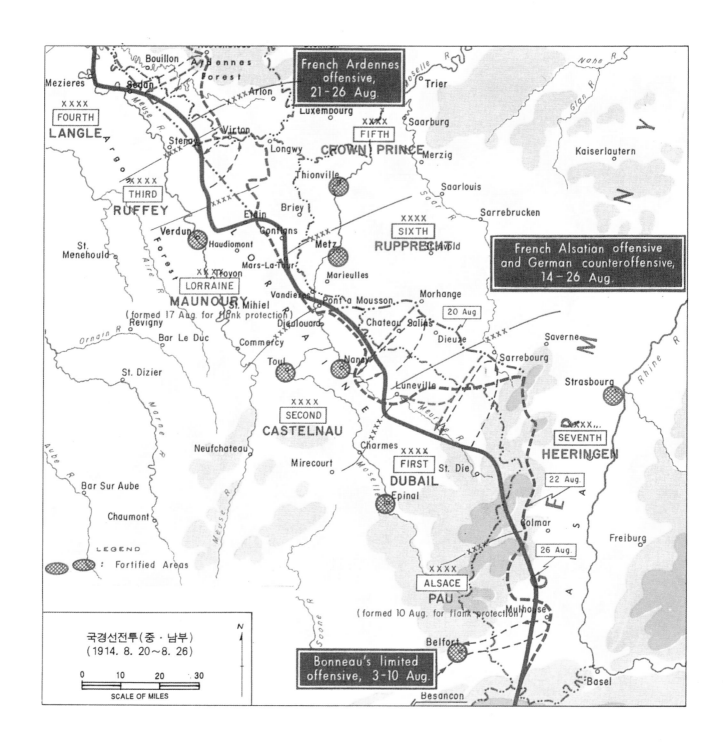

마른(Marne) 전역(I)

독일군

- 우익병력에서 2개 군단을 동부로 전용하였고, Antwerp와 Maubeuge 등 요새포위에 3개 군단을 전용, 우익은 파리 서방으로의 우회하기에는 너무 약화되었다.

- 제1군의 진출방향을 파리동부로 조정 Oise강과 마르느강 사이로, 제2군은 Marne강과 Seine강 사이에 배치 전군의 우측을 엄호토록 하였다.
- 제3·4·5·군은 Verdun과 Vitry-Le Francois시 사이에서 동남방으로 진출토록 하였다.

프랑스군

- Joffre장군은 제17계획 실패 자인, 우익에서 병력을 차출 좌익을 보강하였다.
- 제6군은 파리에서 신편, 독일군 제1군의 측면을 공격케 하였다.

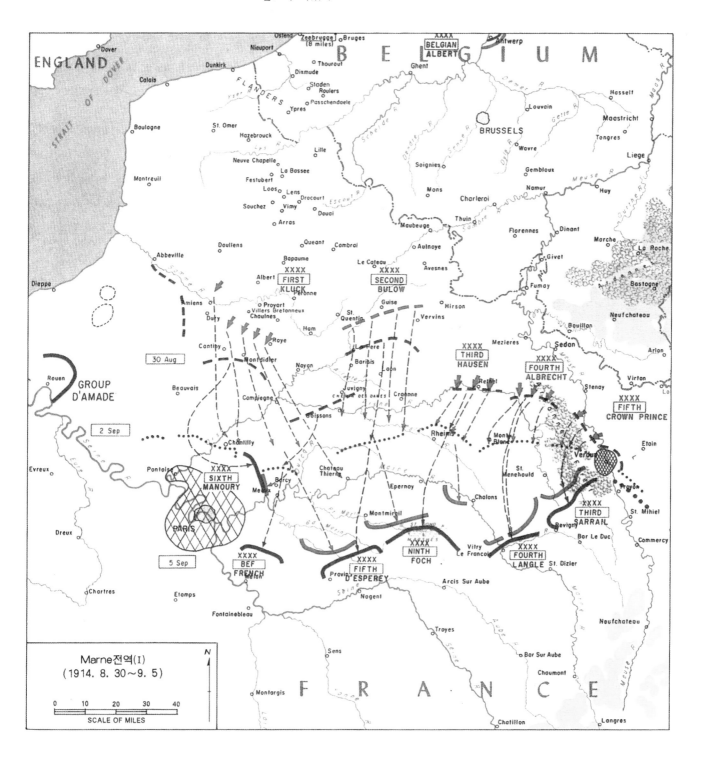

마른(Marne) 전역(II)

프랑스군 조치

- 후퇴를 거듭하던 프랑스군 Joffre사령관은 Marne선에서 총반격명령을 하달하였다.
① 제6군은 Marne 북방을 향하여 6일 새벽 Ourcq강을 도하.
② 영국군과 제5군은 Montmirail시를 향해 북방으로 공격
③ 제9군은 북방으로 공격, 3·4군은 서방으로 공격, 1·2군은 Nancy부근 방어.

경과

- 프랑스 제6군과 본대를 따라 남진 중인 독일 제4예비군단이 Barcy 부근에서 조우
- 독일 1군 사령관은 프랑스군과 영국군을 추격, 남진 중이던 전군을 북상시켜 프랑스 6군을 격멸하려고 하였다.
- 이 결과 독일 제1군과 제2군의 간격이 40km 형성되고 이곳에는 2개 기병사단에 의해 방어되고 있었다.
- 이 간격으로 영국군은 10 : 1의 우세

한 병력으로 북상, 독일 제1군의 배후로 진출하였다.
- 프랑스 제5군은 독일 제2군의 우익을 포위하면서 반격을 시작하였다.
- 몰트케가 파견한 Hentsch 중령에 의해 제2군은 마르느 북방으로 철수하고 제1군도 철수하였다.
- 몰트케는 전선을 시찰하고 우익 전군을 Noyon-Verdun선으로 철수를 명하고 제6군 공격도 중지토록 하였다.

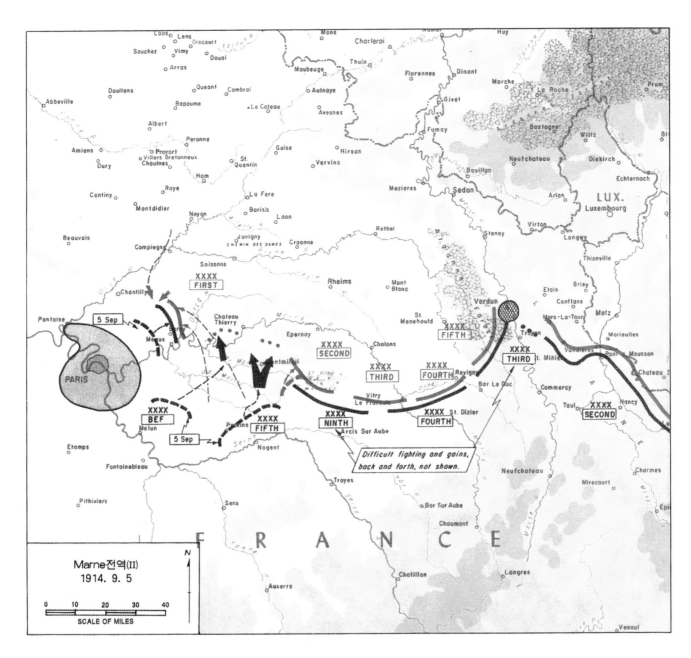

70

탄넨베르크(Tannenberg) 전역(Ⅰ)

러시아군의 계획

· 동원이 채 완료되기 전에 식량·탄약 등 충분한 준비없이 찌린스키 휘하 2 개군을 투입하였다.
① 제1군은 독일 제8군을 동북방에서 견제하여 고착시킨다.
② 제2군은 남방으로 우회 북상 병참선을 차단 배후로부터 공격한다.

독일군의 조치

· 1914. 8. 18일 러시아 1군의 공격을 받은 독일군 1군단장은 이를 저지하였다.
· Vistula강선으로 철수하려는 8군사령관 Prittwitz를 해임하고 Hindenburg를 임명하고 참모장에 Ludendorff를 임명하였다.
· 8군작전참모 Hoffman 중령의 조치 : 러시아 1군을 견제하고 2군을 먼저 격파한다.

① 제1군단과 제3예비사단을 철도수송으로 20군단 우익을 보강한다.
② 제20군단은 러시아 제2군과 접촉을 회피한다.
③ 제17군단과 제1예비군단은 서방으로 행군한다. 러시아 1군 추격없을 시 남방으로 진출할 준비를 한다.
④ 제1기병 사단만이 단독으로 러시아 1군의 진격을 저지한다.

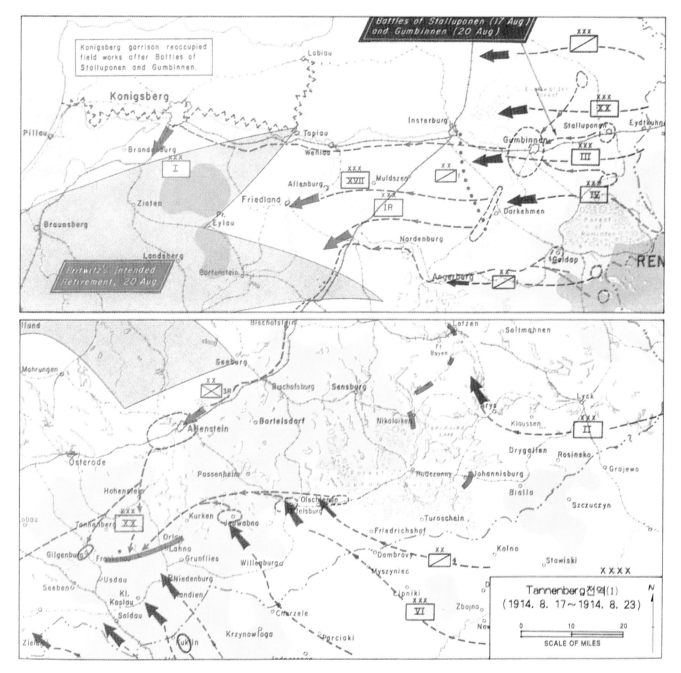

Tannenberg전역(Ⅰ)
(1914. 8. 17～1914. 8. 23)

탄넨베르크(Tannenberg) 전역(II)

전투경과

독일군

- 호프만 중령의 계획 : 8월 20일 각 군단에 하달
- 신임루덴도르프참모장 : 8월 22일 각 군단에 별도로 명령하달(내용이 호프만계획과 동일)
- 힌덴부르크사령관과 8. 23일 합류, 각 군단기동을 확인하였다.

러시아군

- 제1군은 독일군이 20일밤 철수한 것을 알고 승리에 도취되어 3일간 현지에서 소모하였다.
- 제2군은 국경으로부터 8~9일간 행군을 강행 피로와 질병 보급두절 등으로 전투력의 약화를 초래하였다.
- 8월 23일 국경통과 25일에 약 144km 광정면에 분산 전개하였다.

- 이동 중 경계 정찰을 소홀히 하고 모든 연락을 평문 전신으로 하였다.
- 제2군은 Allenstein으로 진격 명령, 제1군은 완만한 전진으로 1·2군 간격은 64km 형성되었다.
- 러시아군은 1·2군이 상호지원 거리밖에 있었으며 협조하려고도 하지 않았다.

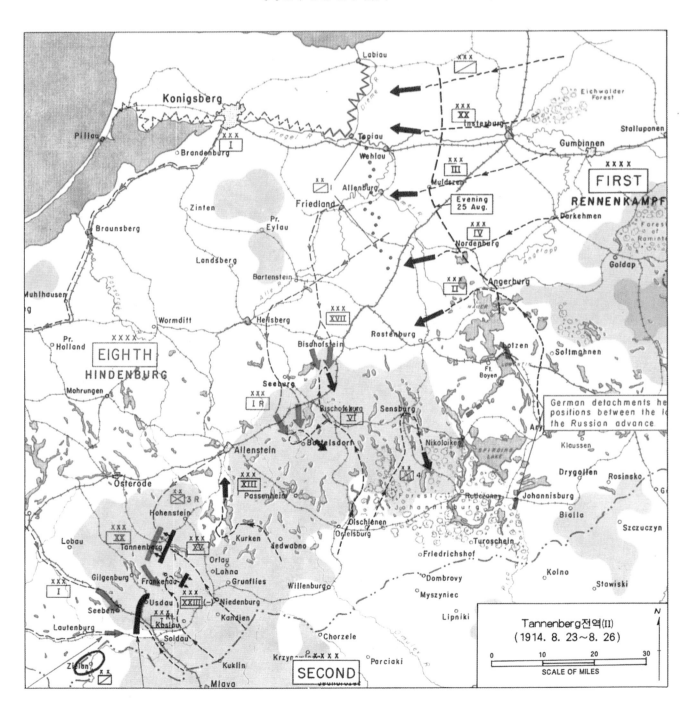

탄넨베르크(Tannenberg) 전역(Ⅲ)

전투경과
독일군
- 러시아의 제1군 정면에 1개 기병사단만 남겨 놓고
- 제17군단과 제1예비군단을 전용하여 러시아 제2군을 포위공격하게 하였다.
- 8월 26일 러시아 제2군 6군단을 기습 공격 동부로 퇴각시켰다.
- 독일군 제20군단 우측 제1군단은 8월 26일 러시아 좌익 제1군단을 남방으로 격퇴시켰다.
- 러시아 주력인 제15·13군단은 좌우 양측면과 배후가 노출되었다.

러시아군
- 8월 28일 제15·13군단으로 하여금 독일군 제20군단을 공격케 하였다.
- 독일군 제20군단의 반격으로 28일에 후퇴를 시작하였으나 퇴로는 봉쇄된 뒤였다.

결과
러시아군 손실
포로 9만을 포함 병력 125,000명, 포 500문
독일군 손실
10,000~15,000명
러시아는 동부전선에서 주도권을 상실하였다.

교훈(러시아패인)
① 러시아 1·2군이 집결 되기 전, 진격은 무리였다.
② 보급 및 수송지원이 전혀 준비가 되어 있지 않았다.
③ 행군간 경계 및 정찰을 태만이 하였다.
④ 작전상황을 평문으로 송신 독일군이 도청하였다.
⑤ 지휘관 참모의 능력이 전투 승패에 큰 영향을 미친다.

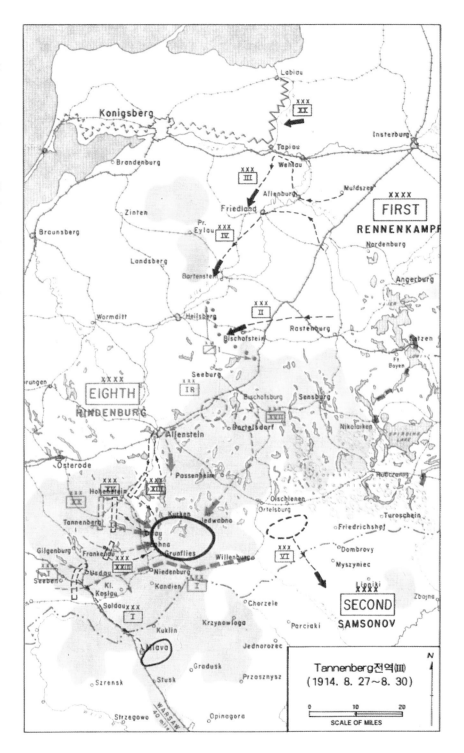

Tannenberg전역(Ⅲ)
(1914. 8. 27 ~ 8. 30)

갈리시아(Galicia) 전투(I)

전투개요

오스트리아군과 러시아군이 국경선에서 1914년 8월 23일에서 9월 12일까지 충돌이 있었다.

오스트리아의 공격

- 참모총장 Conrad는 B계획을 발동하였다가 계획을 변경 1개군을 증파하였다.

- 동프러시아 독일군을 지원하기 위해 공세를 취하여 오스트리아 제1군이 러시아 제4군을 Krasnik에서 공격 격퇴하였다. 또한 오스트리아 제4군도 러시아 제5군을 공격 격퇴시켰다.

- 제3군은 러시아 제3군, 제8군과 조우하였으나 병력의 열세로 철수하였고 오스트리아 후방을 위협 받게 되어 콘라드는 계획을 변경하게 되었다.

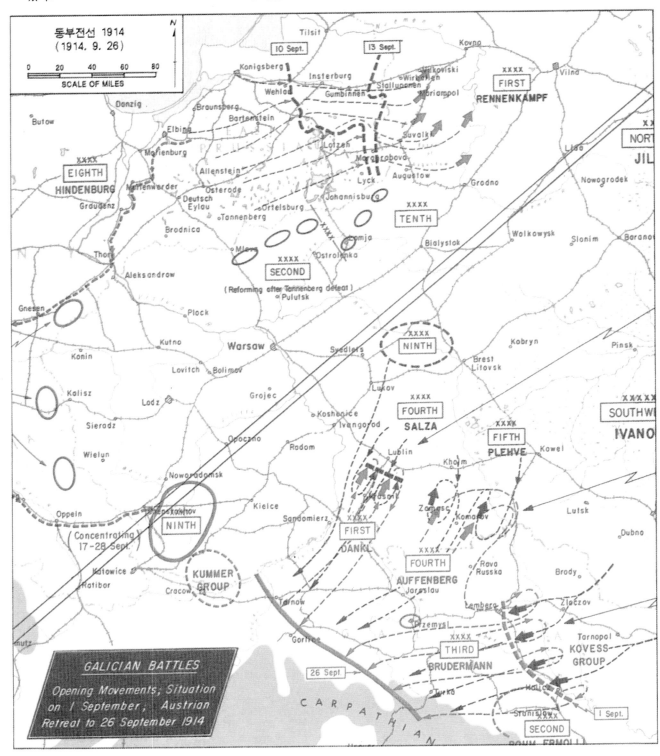

갈리시아(Galicia) 전투(II)

전투경과

- Conrad는 갈리시아 전투를 종결 지으려고 총공세를 감행하였다.
- 오히려 러시아군 제3군과 제8군이 선방하고 오스트리아의 제1·4군의 간격

- 으로 제5군이 공격해 옴으로써 콘라드는 총퇴각을 명하였다.
- 러시아군은 병참지원 곤란과 부대 재편성으로 정군을 하였다.

- 힌덴부르그는 오스트리아군과 합세, 러시아군을 공격하였으나 성과를 얻지 못하였다. 그러나 침공하려는 러시아의 진격을 정지시킬 수 있었다.

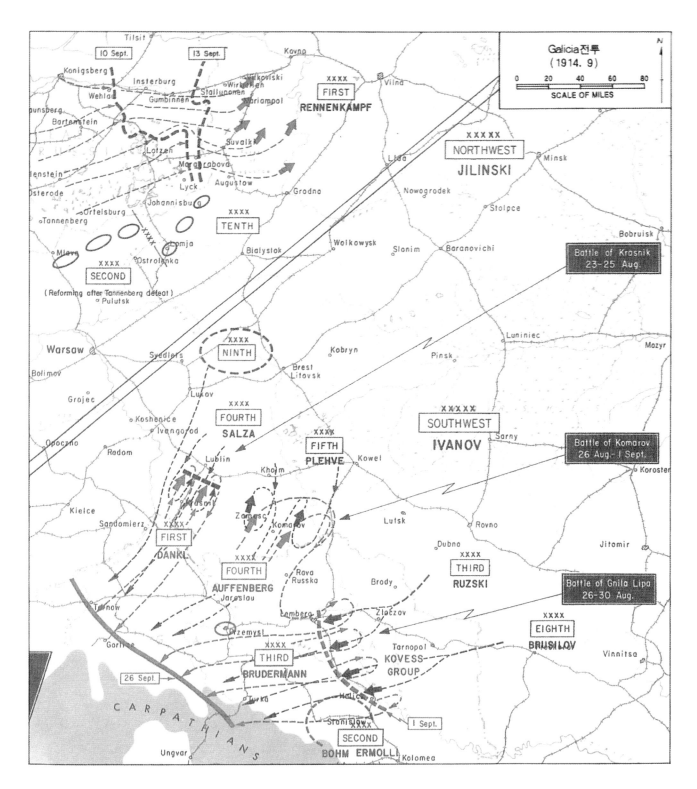

마수리아(Masuria) 동계전투

독일군의 계획과 경과

· 1914년 11월 독일군은 Lodz에서 또 하나의 탄넨베르크전투를 계획하였으며 숫적 열세로 전술적 실패는 하였으나 독일 본토에 대한 위협은 제거되었다.

· 동부전선에서의 독일군은 1915년 초, 병력 증원을 받아 제8·9·10군을 편성 러시아의 제10군을 목표로 2월 7일 마주리아호 동계작전을 개시하였다.

· 러시아 20군단은 완강히 저항하면서 본대 철수를 엄호하였으나 2월 21일 병력 30,000명과 포 300문을 갖고 항복하였다.

결과

· 러시아군손실 : 전상 10만, 포로 10만명으로 제10군은 전투력을 상실하였다.

· 독일은 러시아군이 신속히 보충됨으로써 전과확대로 이어지는 전략적인 효과를 거둘 수 없었다.

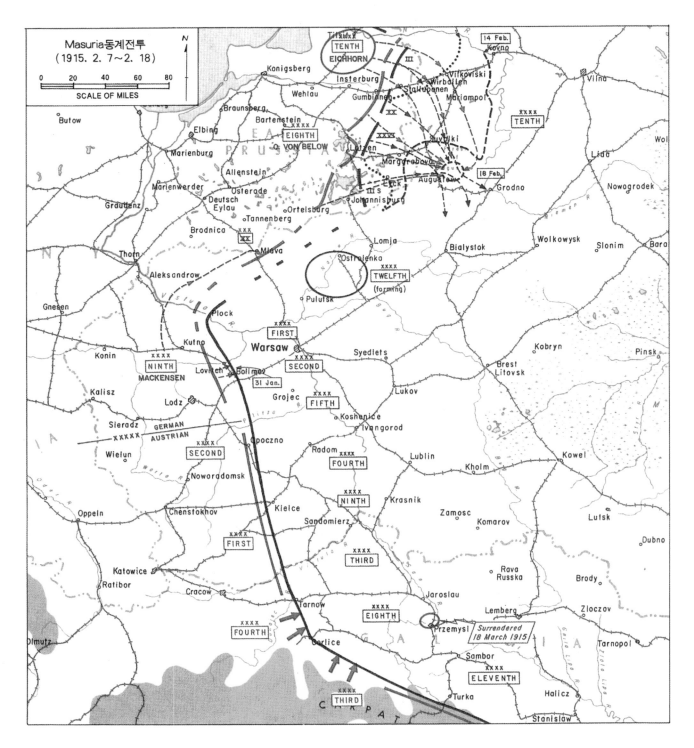

고를리체-타르노프(Gorlice-Tarnow) 돌파전

독일군계획

· 독일참모총장 Falkenhayn은 1915년 봄 동부에서 공세를 취하기로 하였다. 병력의 부족으로 포위는 불가능하고 고르리체－타르노브에서 돌파전을 계획하였다.

전투경과

· 1915. 5. 2일 사상 초유의 대규모 돌파전이 시작되었다.

· 전투방식은 맹렬한 포격으로 방어선을 분쇄하고 보병은 탄막을 따라 전진하면서 적을 소탕하는 것이었다 (Hutier전술).

결과

· 5월 4일 돌파전이 완료되었을 때 러시아 제3군은 전멸되고 독일군은 포로 14만 포 100문 기관 총 300정을 획득하고 160km를 전진하였다.

· 독일군은 계속 진격 6. 3일에는 Lemberg, 8월 4일에는 Warsaw, 9월 중순에는 북단 Riga로부터 남단 Zernowitz까지 진출하였다.

· 러시아군은 200만의 손실을 보았으나 전멸은 면하였다. 독일군은 약 900km의 전선을 유지해야 했고 전선은 소강상태로 있었다.

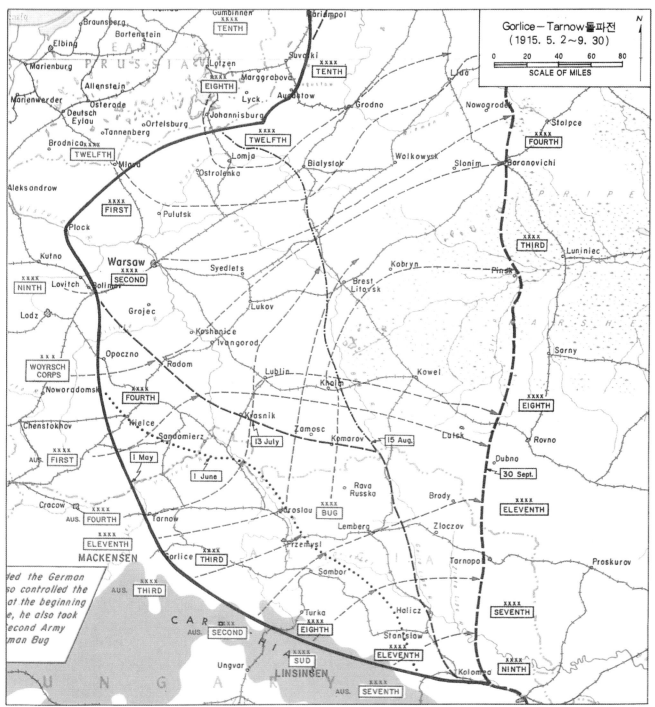

77

전선교착

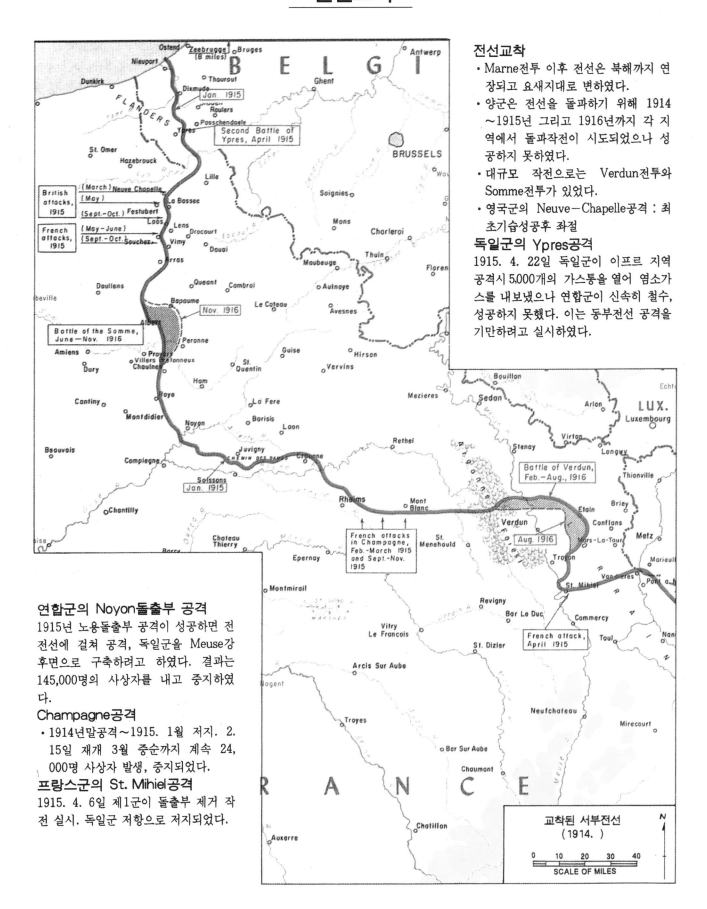

전선교착

- Marne전투 이후 전선은 북해까지 연장되고 요새지대로 변하였다.
- 양군은 전선을 돌파하기 위해 1914～1915년 그리고 1916년까지 각 지역에서 돌파작전이 시도되었으나 성공하지 못하였다.
- 대규모 작전으로는 Verdun전투와 Somme전투가 있었다.
- 영국군의 Neuve-Chapelle공격 : 최초기습성공후 좌절

독일군의 Ypres공격

1915. 4. 22일 독일군이 이프르 지역 공격시 5,000개의 가스통을 열어 염소가스를 내보냈으나 연합군이 신속히 철수, 성공하지 못했다. 이는 동부전선 공격을 기만하려고 실시하였다.

연합군의 Noyon돌출부 공격

1915년 노용돌출부 공격이 성공하면 전 전선에 걸쳐 공격, 독일군을 Meuse강 후면으로 구축하려고 하였다. 결과는 145,000명의 사상자를 내고 중지하였다.

Champagne공격

- 1914년말공격～1915. 1월 저지. 2. 15일 재개 3월 중순까지 계속 24,000명 사상자 발생, 중지되었다.

프랑스군의 St. Mihiel공격

1915. 4. 6일 제1군이 돌출부 제거 작전 실시. 독일군 저항으로 저지되었다.

베르됭(Verdun) 전투

독일군의 상황판단

① 베르됭은 프랑스군이 필히 확보하고자 하는 요새이며 이 지점을 강타, 물을 펌프로 퍼내듯 프랑스군을 고갈시킬 수 있을 것이다.

② 프랑스군의 예비병력과 군수품을 흡수할 수 있다.

③ 이를 점령 프랑스 국민과 병사들에게 치명적 좌절감을 준다.

④ 프랑스군의 우익과 좌익을 분리시켜 파리로의 통로를 연다.

⑤ 대타격을 가하면 전의를 상실, 단독강화에 응할지도 모른다.

경과

독일군은 1916. 2. 21일 04 : 30 기습공격을 개시하였다. 매시간 10만발 포탄을 발사하여 제1·2방어선을 분쇄하였다. 프랑스군의 필사적 방어로 24일 불과 6km밖에 전진하지 못하였다.

신임사령관 Petain은 26일 방어선을 4개 전구로 구분 독일군의 예봉을 꺾었다. 그리고 병력 증원과 보급지원으로 위기를 극복하였다. 격전지로는 Douaumont보루, Vaux보루, 사자의 구릉등이었다. 프랑스군은 1916. 11월부터 전선을 회복하고 작전은 1917년까지 계속되었다.

결과

프랑스군 사상자 : 542,000명, 독일군 사상자 : 434,000명

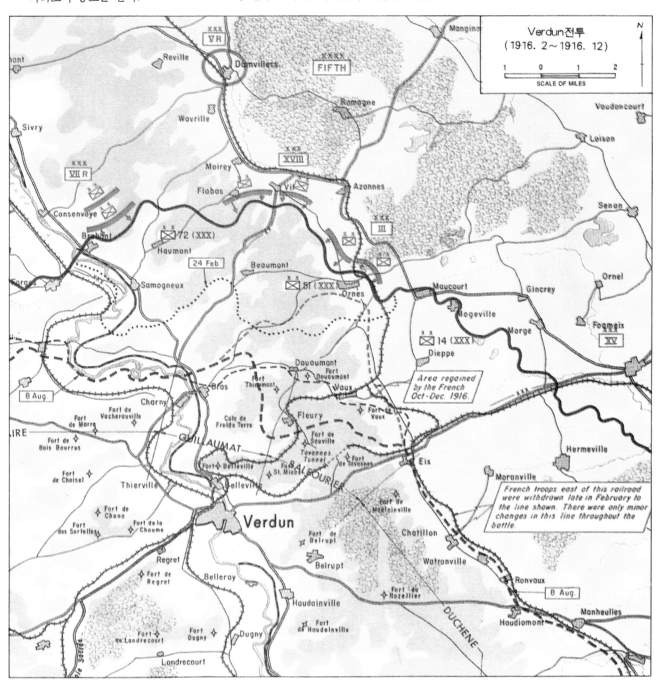

솜(Somme) 전투

프랑스군 공격목적과 계획

목적 : 베르뎅에 가해지고 있는 독일군의 압력 제거, Noyon 돌출부의 제거.

계획 : 기습가능하고 독일군의 우익을 돌파 우회하여 슐리펜계획을 역으로 적용한다. 솜강을 경계로 북에서 영국군 제4군이 주공, 남에서 프랑스 제6군이 조공을 담당한다.

경과 : 1916. 6. 21일 준비포격 개시, 7월 1일 공격 개시, 탄막과 보병의 기동이 협조가 이루어지지 않았다. 7월 1일 돌파구를 형성하지 못하고 실패하였다. 7월 14일 재차공격, 역시 실패, 9월 15일 최초로 탱크를 등장시켜 공격하였으나 성공하지 못하였다. 이후 9월 25일, 11월 13일 공격을 재개하였으나 성과는 없었다.

결과 : 연합군은 11km 전진에 그쳤다. 손실은 프랑스군이 195,000명, 영국군이 420,000명, 독일군이 650,000명이었다. 과학 지식을 동원한 살육전에 불과했다. 이 전투로 베르뎅을 구출하고 독일의 압력을 제거하여 서부전선에서 선제권을 갖게 되었다.

최초의 전차 사용, 항공사진기술 발달로 포병목표 발견에 기여, 라디오 개량으로 기상관측자가 포병화력을 유도.

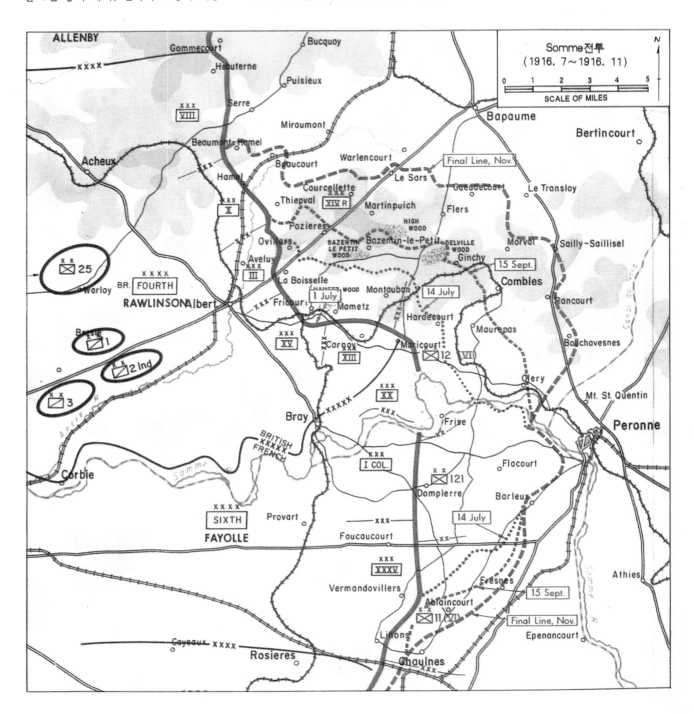

브루실로프(Brusilov) 공세

러시아의 계획

북부 : 북부집단군(Kuropatkin)조공,
중부 : 서부집단군(Ewarth) : 주공
남부 : 서남 집단군(Brusilov) : 양공

경과

- 1916. 6. 4일 4개군(50개사단)으로 공격 오스트리아군의 예비대를 흡수 고착시키는 임무. 6월 10일 80km 돌파구 형성하고 6월말에는 적에게 70만 이상 손실을 주었다.

- 힌덴부르그 장군의 조치로 병력 증원을 받아 돌파된 전선을 봉쇄하였다.
- 동맹군은 서부전선에서 15개 사단, 이탈리아 전선에서 8개 사단 등으로 전선을 보강.
- 13개 사단 증강에 그친 브루실로프 공세는 9월말까지 계속되었으나 전선은 소강 상태에 들어갔다.

결과 및 교훈

- 브루실로프 공세로 오스트리아는 이탈리아에 대한 공격을 중지해야 했고 막대한 손실로 독일의 지원 없이는 작전을 수행할 수 없게 되었다.
- 서부전선에서 15개 사단을 전용함으로써 수세에 몰리게 되었다.
- 철저한 사전준비와 적정파악, 실전적 훈련을 실시함으로써 초전에 승리할 수 있었다.

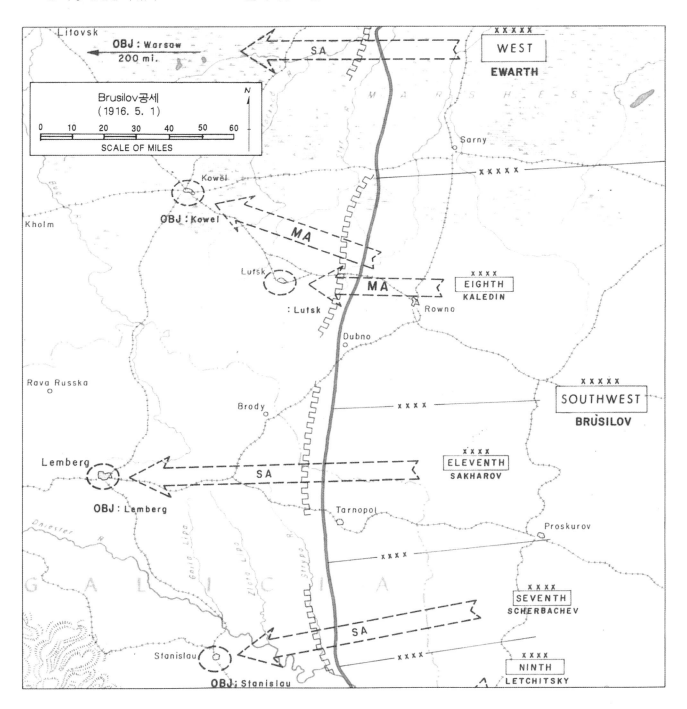

루마니아(Rumania) 전역

루마니아 참전배경 : 중립을 유지하다. 1916. 8. 27일 연합군측에 가담, 동맹측에 선전포고
- 독일이 벨당공격 실패
- 연합군의 솜므공격
- 오스트리아의 이탈리아 공격중지
- 브루실로프공세 성공 가능성 등을 고려 Transylvania 점령 욕심으로 연합군측에 가담하였다.

계획 : 연합군측안 : 불가리아를 공격, 트란실바니아 방어.
루마니아 : 타전선에서 방어, 트란실바니아에 주공(트란실바니아점령 목적우선)

경과 : 8. 27일 공격, 초전은 어느 정도 성공. 그러나 보급지원 부족, 측방연락 두절, 병력수준 : 보병21개사단, 기병 2개사단, 3개사단 증편으로 약 500,000확보, 병사의 질 저하, 훈련부족, 보급부족, 지휘력 부족 등으로 전투력 빈약.

결과 : 독일의 제9군, Danube군의 남북 협공으로 12. 6일 Bucharest 함락, 1917. 1. 7일 전국토 유린 참패. 루마니아군 손실 : 400,000명
- 참전시기결정의 실책
- 영토획득에만 집착 주공판단 오류

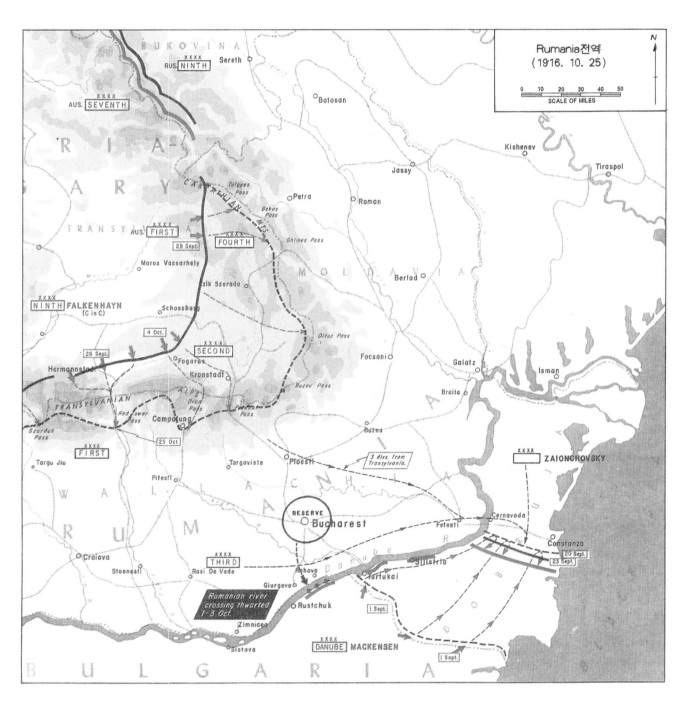

카포레토(Caporetto) 전투

이탈리아의 참전 : 전쟁발발시 중립 표방. 1915. 5. 24일 연합군측 가담. Isonzo지방 공격 실패.

오스트리아군 공격 : 1916. 5. 14일 제11군으로 Trentino 지역에서 공격, Asiago까지 진격하였으나 이탈리아군 저지로 실패하였다.

독일군의 지원 : 루덴돌프는 후티어 전술을 시험하기 위해 1917. 10. 24일 까포레토에서 공격. 깨스, 고성능 실탄 을 사용한 포병사격과 동시공격. 이탈리 아군을 Piave선까지 격퇴시키고 32만 명의 손실을 가하였다. 피아브선 공격에 서 실패하였다.

이탈리아반격 : 피아브선에서 전세를 만회한 이탈리아군은 1918. 10. 24일 공격을 개시 30일에 Vittorio Veneto 를 점령하여 오스트리아 전선은 완전 붕괴되고 50만 가까운 포로를 획득하였 다.

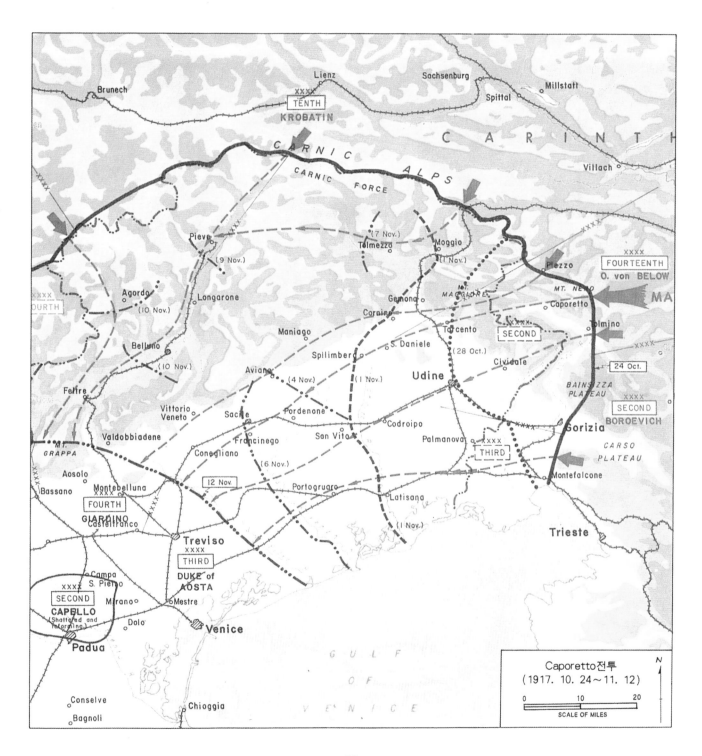

발칸(Balkan) 전역

오스트리아의 세르비아침공

- 1914. 8월 최초 침공 실패, 3차에 걸친 공격 계속 역시 실패, 1915초까지 소강상태
- 1915. 10. 5일 불가리아의 대세르비아 선전포고.

- 독·오 동맹군은 1915. 10. 6일 공격 10. 9일 Belgrade점령.
- 10. 3일 영·불연합군이 Salonika에 증원되었으나 전력 열세로 실패하였다.

독일이 발칸 지역을 중요시한 이유

- 터키와의 병참선을 개방하여 터키의 전선 이탈을 방지하고 서유럽으로부터 이곳을 통해 러시아로의 보급 추진을 차단하기 위한 것이었다.

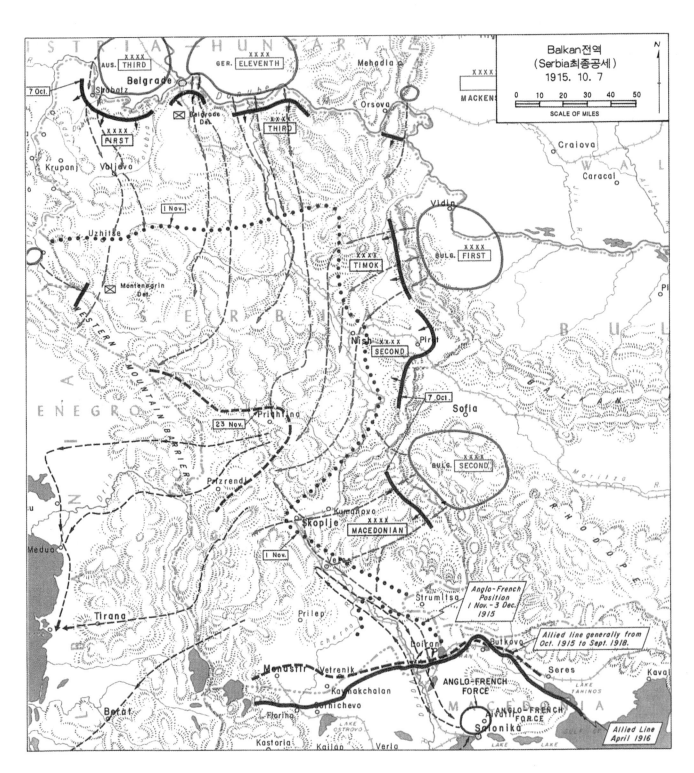

84

니벨(Nivelle) 공세

1917년 서부전선에서의 프랑스 계획

· 조프르 후임 참모총장 니벨의 계획
Arras와 노용에서 주공에 앞서 견제공격 실시, 독일군의 예비대를 흡수한다. 주공은 프랑스군이 담당 Aisne강을 건너 Chemin des Dames 고지로 진출한다.

· 독일군의 대응조치
Siegfried line(힌덴부르크라인)으로 철수한다(30km후방 진지). 철수는 2. 25 ~4. 5일에는 완료하고 철수지역은 지뢰·부비트랩설치, 초토화한다.

경과

영국군은 주공보다 1주일 앞서 4월 9일 아라지역을 공격하였다. 목표인 Vimy능선을 점령하였으나 돌파에 실패하고 4월 14일 전투는 종료되었다. 4월 16일 주공인 Aisne 전투가 시작되었다. 40km 정면에 120만 병력 7,000문의 포를 집중 투입하였다. 그러나 독일은 이미 주공방향을 감지하였고 쉐망─드─담므능선은 최강점이었다. 프랑스군은 하루 사이 10만명의 손실을 보았고 실패하였다. 특기사항으로는 연합군이 Cambrai지역에서 476대의 대규모 전차를 투입하였다.

평가

니벨의 정치적 임명, 공공연한 공격계획의 누설, 기습의 실패

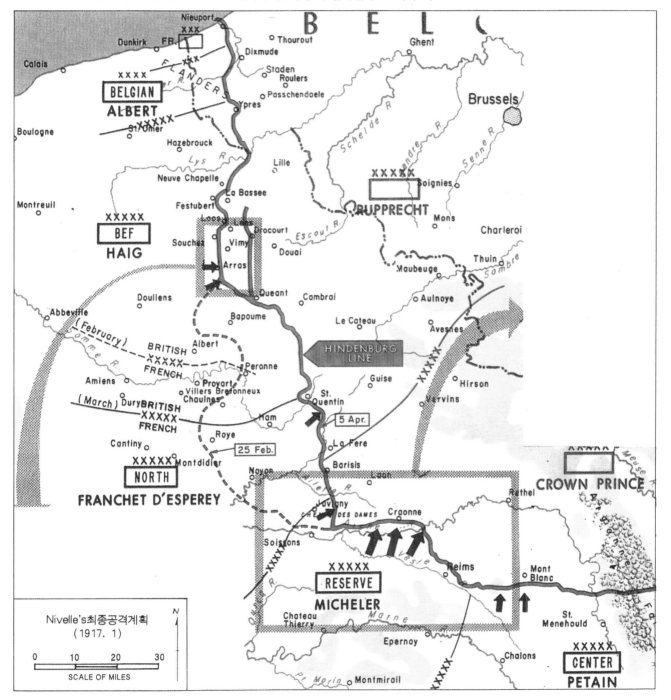

독일군의 5차공세(I)

독일군의 5차공세 실시배경

① 후티어 전술시험 성공으로 전선타개 방책이 있다고 판단.

② 독일과 그 동맹국의 동요, 연합군의 해안봉쇄, 독일의 대영 잠수함전 실패.

③ 국지공격을 위한 충분한 병력보유

제1차 : 솜므지역 공세(1918. 3. 21)

· 솜므지역 공격으로 영 · 불 분리.

· 3개군(18군 · 2군 · 17군)으로 영군지역 동시 공격.

· 1918. 3. 21. 04 : 40, 60개 사단으로 공격, 3. 27일 영 · 불 양분 성공.

· 포병지원, 병참지원 부족으로 62km 전진 후 4월 4일 전선고착, 전략적 실패.

· 7만의 포로, 1,100문포획득, 20만 손실 가하였으나 독일군도 비슷한 손실입니다.

제2차 : Lys전투(1918. 4. 9)

· 제4 · 6군으로 공격 10마일 전진, 병참지원 · 포병지원 따르지 못하여 실패.

· 4월 29일 공격 중지 : 독 · 영군 각각 30~35만 손실.

제3차 : Aisne강 방면 전투(1918. 5. 27)

· 파리 위협 가장하고 Flanders지역 연합군 예비대 흡수후 영군에 대한 대공세계획.

· 5. 27 01 : 00 제1 · 7군으로 공격 14km 전선에 20km 전진.

· 예비대 부족으로 전략적 승리로 연결하지 못하였다.

· 연합군 80만 독일군 60만 손실

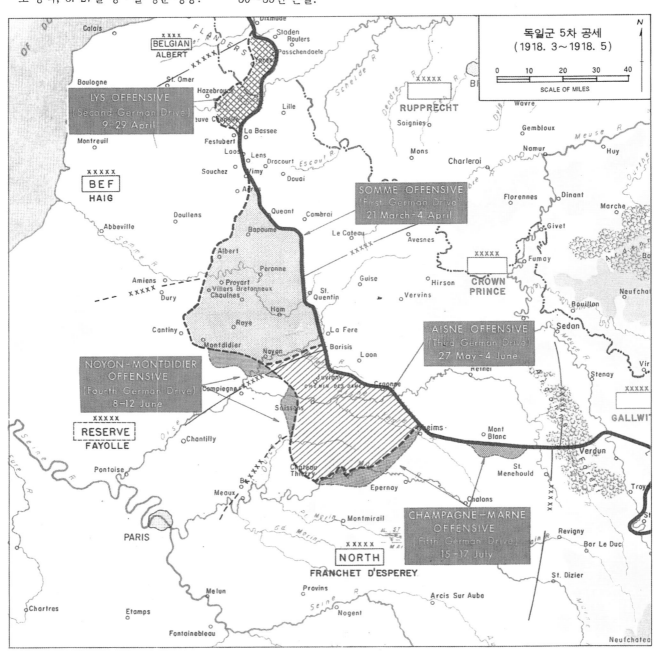

독일군의 5차공세(II)

제4차 : Noyon돌출부 (1918. 6. 9.)
· 1918. 6. 9일 제18군은 Noyon～Montdidier간을, 제7군은 Soissons 서남방으로 공격하였다.
· 공격기밀누설, 군의 사기 저하, 연합군의 반대포격으로 14km전진에 그쳤다.

제5차 : Champagne ～ Marne(1918. 7. 15)
· 공격기도가 도망병, 포로, 항공관측에 의해 사전폭로되었다.
· 5. 17일 성과를 얻지 못하고 실패하였다.

결과 : 연합군은 서부전선에서 주도권을 장악하고 대규모의 반격을 5. 18일부터 개시하였다.
특징 : 연합군은 꾸로의 종심방어를 발전시켜 방어에 성공하였다.

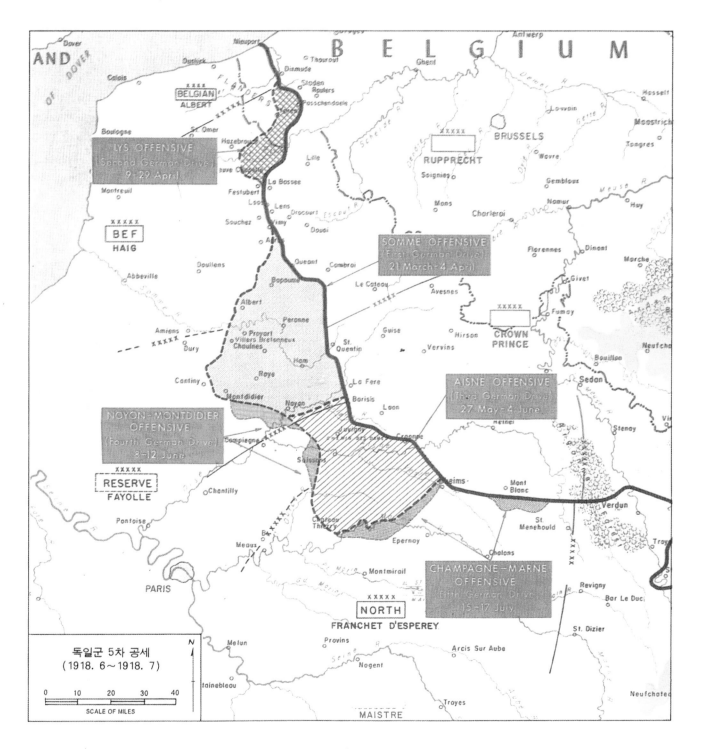

87

연합군 반격(I)

Aisne~Marne공세(1918. 7. 18
~8. 6)

연합군계획 : 주력은 미 제1·2사단을
포함한 프랑스 제10군으로 돌출부 좌익

에서 공격하고 조공인 프랑스 제6·9군
은 중앙에서, 제4·5군은 우익에서 공격
하도록 하였다.

경과 : 7. 18일 새벽 공격을 시작, 8.
6일에 돌출부를 완전 제거하였다.

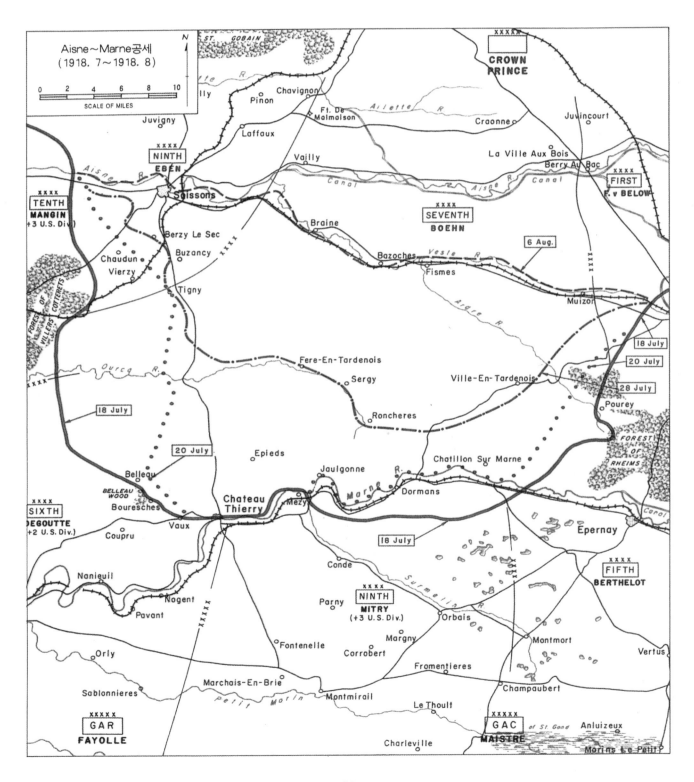

연합군 반격(II)

Amiens돌출부 공세(1918. 8. 8~9. 4)

- 영국군 사령관 Haig는 8. 8일 04 : 20, 영국 제4군 및 프랑스 제1군과 고속 신형 전차 Wippet를 포함한 400대의 전차로 기습적인 보전협동작전을 전개하였다.

- 영국군은 하루에 15,000명 포로와 400문의 포를 노획하였다.

- 독일군은 군내항명 사건과 사기저하로 1915년 구전선으로 철수하였고 8월말에는 또다시 힌덴부르그선으로 철수하였다.

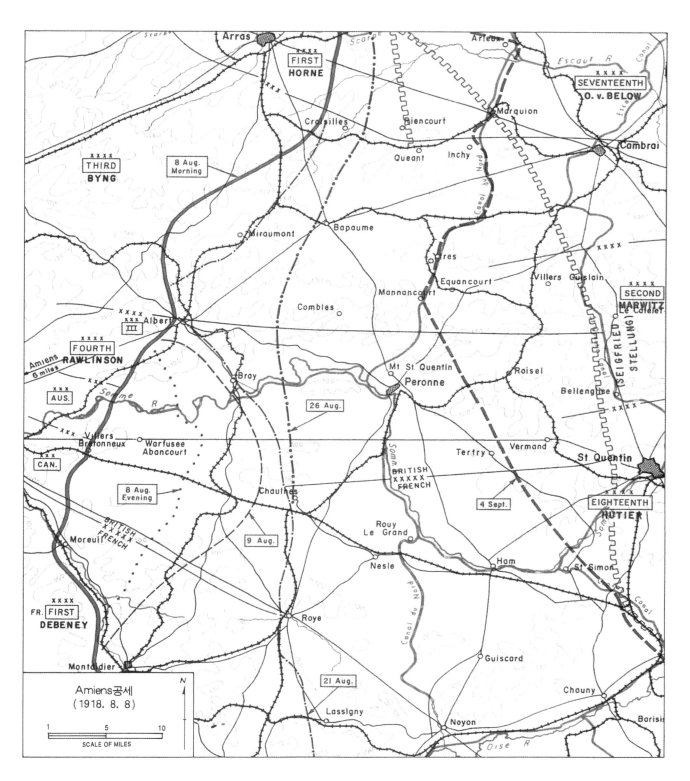

연합군 반격(Ⅲ)

St. Mihiel공세 (1918. 9. 12 ~ 9. 16)

• 미군으로는 처음으로 야전군 단위로 제1군 사령부를 설치하여 프랑스군의 지원을 받아 작전을 실시하였다.

• 사령관 Pershing 장군은 제1·4군단을 동남부에서 서북방으로, 제5군단을 서부에서 동남방으로 공격케 하였고 프랑스군은 정면에서 견제토록 하였다.

• 1918. 9. 12 05 : 00, 3,000 문의포 1,500대의 항공기 지원하에 공격을 개시하였다. 36시간만에 돌출부를 완전 제거하고 1,500명 포로, 250문의 포를 획득하였다.

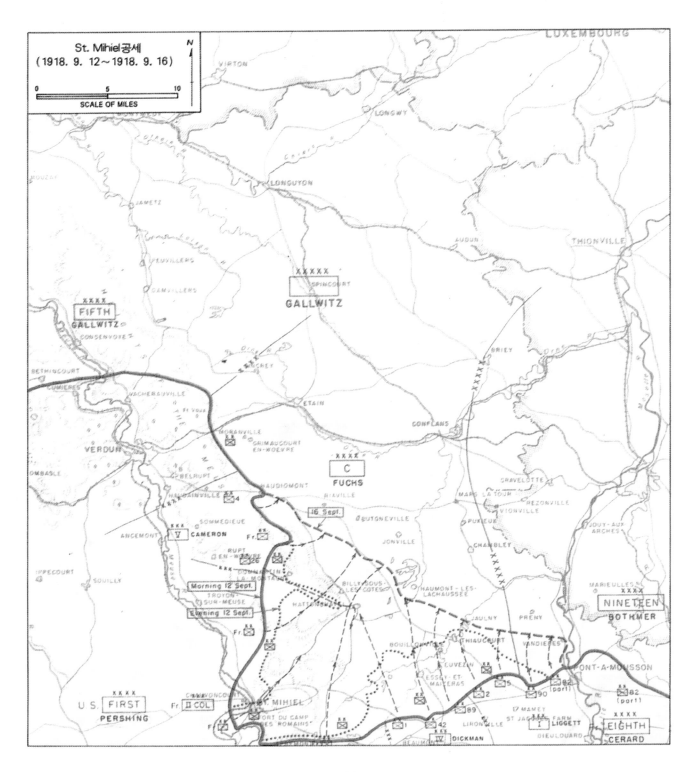

연합군 반격(Ⅳ)

Meuse～Argonne공세(1918.9.26)

Foch장군의 계획
• 작전의 주안점은 독일군이 조직적인 철수를 하지 못하게 하는 데 두었다.
• 독일군이 보급지원과 병력 철수를 위해 사용할 수 있는 것은 3대 주요 철

도망이었다. 따라서 공격목표를 Aulnoye와 Mezieres를 점령하는 데 두었다.
• 전략적 양익돌파로 9월말 공격하기로 결정하였다.

경과
• 9. 26, 05：00 9개 공격사단, 6개 예비사단, 4,000문포, 190대 전차,

약 820대 항공기 지원하에 공격을 개시하였다.
• 메찌에르는 미군이, 올노이에는 영국군이 프랑스군은 미군좌익을 엄호, 11. 7일 미군은 Sedan－Mezieres간 철도를 장악하였고, 영국군은 11월 5일 올노이에를 점령하였다.

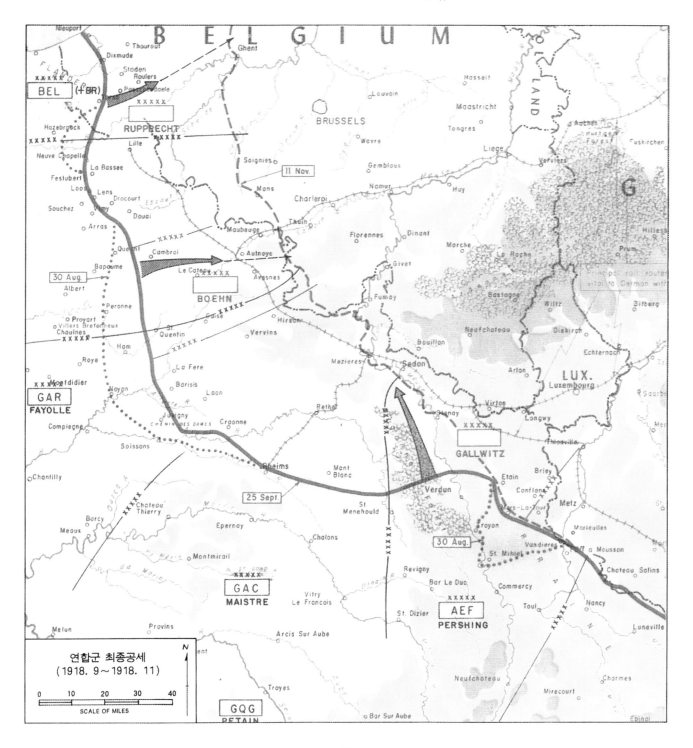

연합군 최종공세
(1918. 9～1918. 11)

SCALE OF MILES

제2차 세계대전

유럽

- 히틀러와 나찌독일의 팽창
- 폴란드 전역
- 소련–핀란드 전역
- 노르웨이 전역
- 프랑스 전역
- 발칸 전역
- 독–소 전역
- 북아프리카 전역
- 시실리 전역
- 이태리 전역
- 노르망디 상륙작전
- 내륙으로의 진격
- 독일의 패망

태평양

- 일본의 전쟁계획
- 말레이 전역
- 필리핀 전역
- 버어마 전역
- 남방작전
- 과달카날(Guadalcanal) 전투
- 파푸아(Papua) 전역 및 솔로몬(Solomon) 소모전
- 마리아나(Mariana) 전역
- 레이테(Leyte) 전역
- 임팔(Imphal) 전투
- 루존(Luzon) 지구전
- 오키나와(Okinawa) 전역
- 중국전선
- 소련군의 만주작전
- 일본의 패망

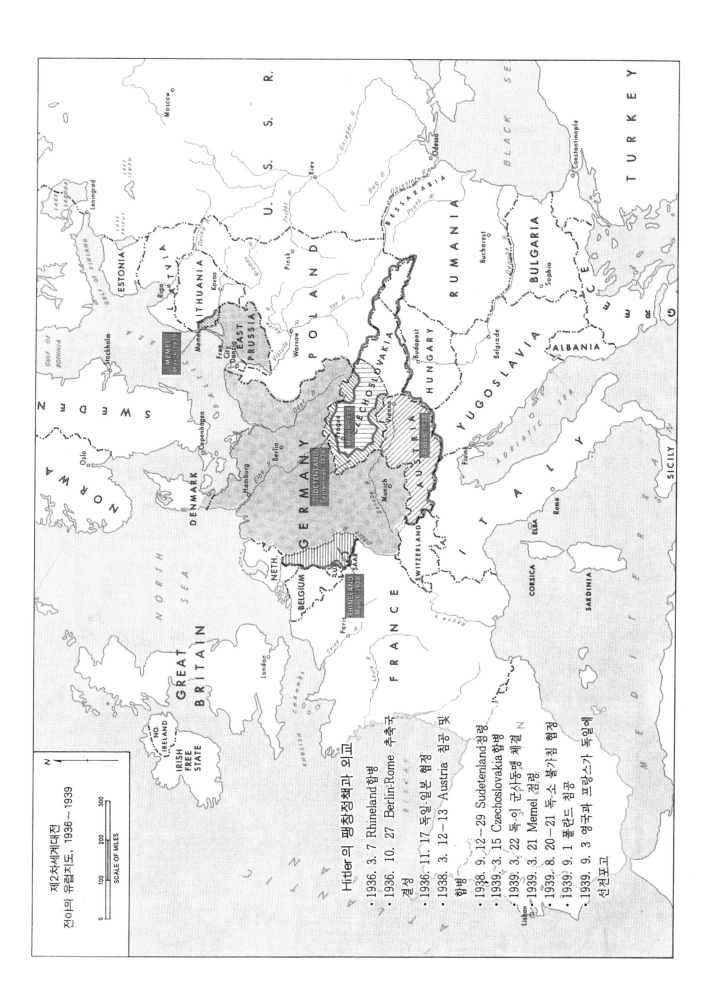

제2차세계대전
전야의 유럽지도, 1936~1939

Hitler의 팽창정책과 외교

- 1936. 3. 7 Rhineland 함병
- 1936. 10. 27 Berlin-Rome 추축국 결성
- 1936. 11. 17 독일-일본 협정
- 1938. 3. 12–13 Austria 침공 및 함병
- 1938. 9. 12–29 Sudetenland 점령
- 1939. 3. 15 Czechoslovakia 함병
- 1939. 3. 22 독일 군사동맹 체결
- 1939. 3. 21 Memel 점령
- 1939. 8. 20–21 독소 불가침 협정
- 1939. 9. 1 폴란드 침공
- 1939. 9. 3 영국과 프랑스가 독일에 선전포고

독일의 폴란드 침공 계획

독일군은 폴란드가 삼면 포위가 가능하다는 지리적인 특수성과 독일군의 우수한 기갑, 항공력을 고려하여 남부집단군(Rundstedt)과 북부집단군(Bock)이 남북에서 포위하는 작전계획을 수립하였다.

독일군은 남부집단군의 제14군(List)이 남부에서 견제공격을 하는 동안 북부집단군의 제4군(Kluge)과 남부집단군의 제8군(Blaskowitz)이 Vistula강과 Bzura강이 합류하는 지점에서 소규모 포위망을 형성하고, 북부집단군의 제3군(Kuechler)과 남부집단군의 제10군(Reichenau)은 Warsaw동측까지 진출하여 또 하나의 포위망을 완성하여 이중의 양익포위를 달성하고자 하였다.

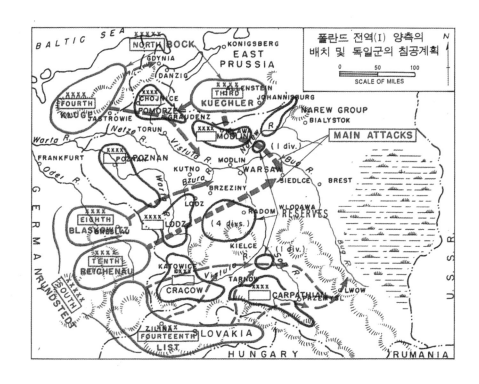

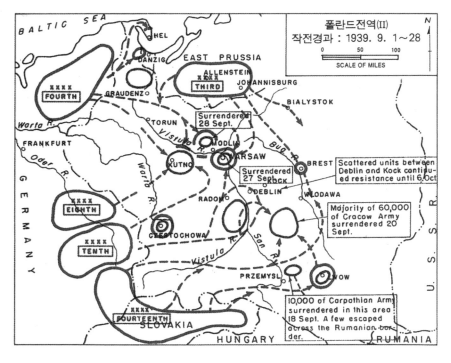

작전경과(1939. 9. 1~9. 28)

- 9. 18 Przemysl에서 폴란드군 10,000명의 병력이 포위되었다.
- 9. 27 독일 제3군과 제10군이 Warsaw에서 포위작전을 완료하였다.
- 9. 20 Cracow에서 포위된 60,000명의 폴란드 군이 항복하였다.
- 10. 5 각지에 분산된 폴란드 저항세력이 붕괴하였다.

평가 : 전반적으로 조직, 장비, 훈련, 병력수면에 월등히 우세하고 현대화되어 있던 독일군이 국경선 근처에서 선방어를 실시하던 폴란드군 주력을 개전 4주만에 와해시켰다.

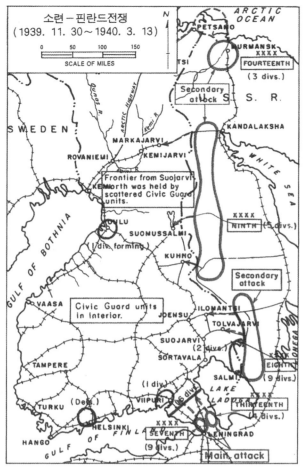

소련군의 작전개념

소련군은 Ladoga호반 북쪽의 국경지대에 제14군, 제9군, 제8군의 17개 사단을 투입 압박을 가하고 핀란드의 수도 Helsinki에 이르는 통로인 Karelia 지협에 제7군(9개 보병사단, 3개 탱크 사단)과 제13군(4개 보병사단, 2개 탱크 여단) 등을 주공부대로 삼아 일거에 핀란드 전역을 점령하려고 하였다.

작전경과(1939. 11. 30~1940. 3. 13)

1. 제1단계 : 1939. 12 : 러시아군 공세는 핀란드군의 조각내기 전술(motti tactics)에 말려 실패하였다.
2. 제2단계 : 1940. 1 : 소강상태. 소련군은 최초 공세의 실패를 인정하고 재편성 및 증원을 실시하여 2월의 대공세를 준비하였다.
3. 제3단계 : 1940. 2. 1~3. 13 : 소련군의 대규모 공세로 핀란드군의 전열이 붕괴되고, 특히 3월 12일 Mannerheim 방어선이 돌파되어 핀란드군은 위기를 맞았다. 3월 13일 핀란드군은 소련군에 항복하였다.

독일의 전략적 고려

1. 노르웨이, 스웨덴 철광석의 안정적 확보.
2. 연합군의 해상봉쇄를 사전에 막고 영국에 대해 공중, 해상에서 압박을 가할 수 있는 기지 확보.

독일의 공격계획

1. 기습상륙에 의해 Kristiansand, Bergen, Trondheim, Narvik, Stavanger에 교두보 확보한다.
2. 공격개시 당일 주공 부대는 Kiel로부터 덴마크를 점령하고 Oslo로 진격한다.
3. 내륙으로 진격, 노르웨이를 굴복시킨다.

작전경과

· 1940. 4. 9 : 독일군의 기습상륙이 실시되었다. 독일군은 일부 부대로 당일 덴마크를 점령, 덴마크의 항복을 받았다.
· 1940. 4. 18~23 : 독일의 노르웨이 점령을 막기 위해 영국군이 Namsos, Andalsnes에 상륙하였다. 그러나 충분한 항공지원을 받지 못한 영국 해군 및 상륙군은 독일공군의 공격을 버티지 못하고 6월초에 철수하였다.
· 노르웨이군의 조직적인 저항은 5월 5일에 종식되었다.

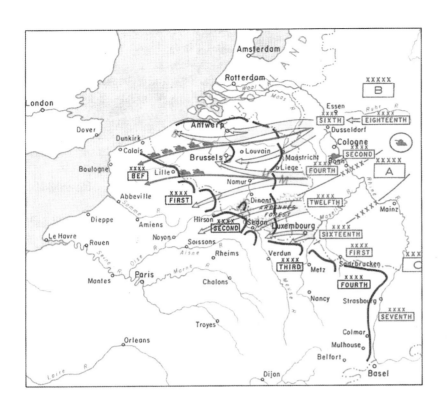

독일군의 최초 프랑스 침공계획

독일의 OKH가 프랑스를 침공하기 위해 수립한 작전계획은 황색계획(Plan Yellow)이라고 명명되었는데 그 개념상 1차대전 전인 1905년에 Schlieffen이 세운 계획과 유사하게 네덜란드, 벨기에의 저지대에 기갑부대를 투입하여 유린하고 파리로 진격한다는 대우회 포위 기동계획이었다.

독일군 최고사령부는 프랑스와 독일 국경에는 프랑스의 Maginot 요새가 버티고 있어 돌파가 불가능하며 룩셈부르크와의 국경에 있는 Ardennes 삼림지역 역시 기갑부대의 통행이 어렵다고 알려져 있어 공격의 주력인 Panzer부대의 기동성을 살릴 수 있는 곳은 네덜란드, 벨기에 등의 저지대지역 뿐이라는 판단에서 이러한 계획을 수립하였다.

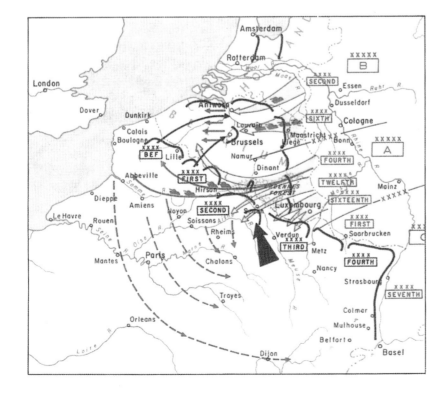

만슈타인 계획

OKH의 작전계획인 황색계획이 예하부대에 하달된 후 당시 Rundstedt의 A집단군 참모장으로 있었던 Manstein 장군은 연합군이 1차대전 당시와는 달리 네덜란드, 벨기에 지역이 독일군의 주공격방향이라고 예상하고 있어서 설사 최초 공격이 성공하더라도 섬멸적인 타격을 입히기는 힘들고 독일군의 피해가 크리라는 점, Ardennes 삼림지역이 기갑부대 기동에 어렵기는 하지만 불가능하지 않다는 점을 들어 이곳으로 Panzer사단을 투입, 돌파하므로써 기습효과를 살려야 하며 돌파후에는 급속히 Abbeville까지 진출, 연합군의 후방을 차단해야 한다고 제안하였다.

OKH는 이를 수용하지 않았으나 Hitler와 단독대면의 기회를 가진 Manstein이 그를 움직이므로써 Manstein의 계획이 독일군의 프랑스 침공계획으로 채택되었다.

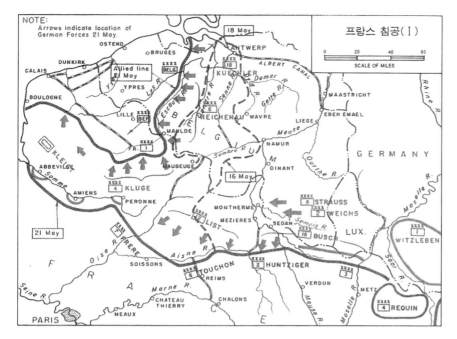

작전경과

- 1940. 5. 10~21 : Bock의 B집단군이 Escaut강까지 진출.
- 5. 13 : Kleist의 Panzer군이 Sedan에서 Meuse강을 도하 돌파구 형성. 제4군 예하 Hoth의 기갑군단도 Montherme에서 Meuse강 도하.
- 5. 13~21 : Rundstedt의 A집단군이 Kleist의 Panzer군을 선두로 영불해협에 접해 있는 Abbeville까지 진출.
- 5. 17~19, 5. 21, 5. 23 : 프랑스군과 영국군이 Marle와 Amiens, Arras에서 반격을 시도했으나 실패.
- 5. 28~6. 5 : Dunkirk 포위전.

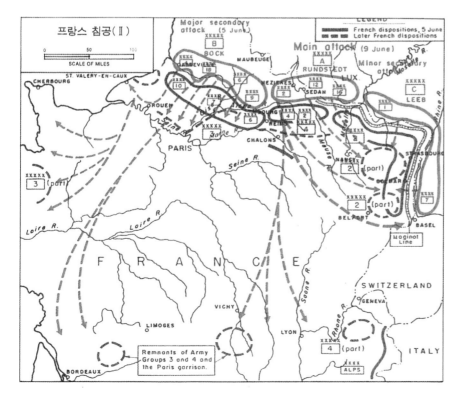

- 6. 5 : 독일군이 적색계획(Plan Red)을 발동, 남부 프랑스 점령을 위한 제2단계 작전 시작.
- 6. 13 : 독일군 Paris 입성.
- 6. 22 : Vichy의 Pétain 정권이 독일에 정전 요구.
- 6. 25 : Pétain 원수가 독일과 정전협정 체결.

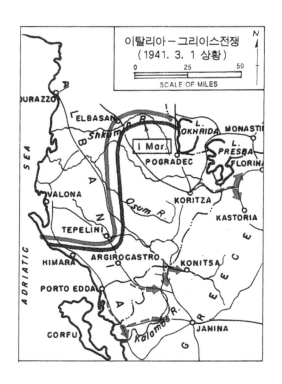

이탈리아-그리이스전쟁
(1941. 3. 1 상황)

작전경과

- 1940. 10. 28 : 알바니아를 점령하고 있던 이탈리아군이 그리이스 침공.
- 1940. 11. 18 : 그리이스군의 총반격.
- 1940년말~41년초 : 소강상태. 이탈리아군의 재차 공세 실패.
- 1940. 10. 30~41. 3 : 영국군은 그리이스군을 지원하기 위해 발칸에 상륙, 그리이스군과 Metaxas선 방어 준비.
- 1941. 4. 6 : 독일군은 루마니아의 Ploesti 유전을 확보하고 이탈리아군을 지원하기 위해 유고, 그리이스 침공 시작.
- 1941. 4. 17 : 유고군 항복.
- 1941. 4. 23 : 그리이스군 항복.
- 1941. 4. 23~27 : 영국군이 Peloponnesos를 경유 철수.

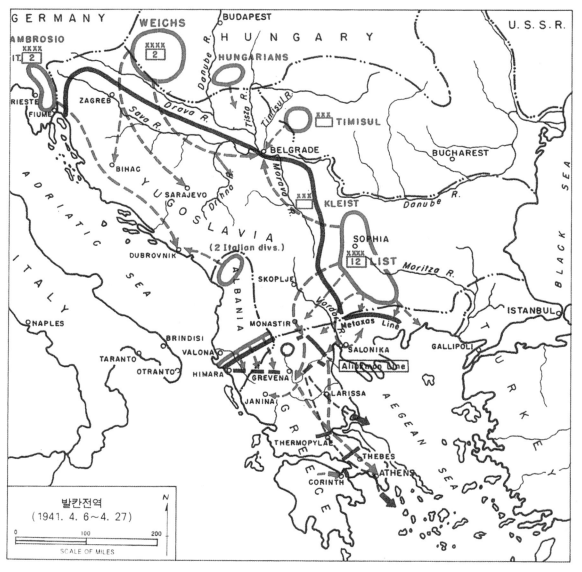

발칸전역
(1941. 4. 6~4. 27)

독일군의 소련침공계획 : 바바롯사(Barbarossa) Plan

Hitler와 독일군 수뇌부는 소련이 프랑스와는 달리 작전반경이 광대하기 때문에 대불작전 때와 같이 일거에 소련을 점령하는 것이 어렵다는 것을 인식하였다.

이러한 판단하에 독일 수뇌부는 침공군을 북부, 중앙, 남부 집단군으로 편성, 소련군의 주력을 국경선에서 섬멸한 후 1941년 겨울 이전에 Leeb의 북부집단군은 Leningrad(현 St. Peterburg)를,

Bock의 중앙집단군은 Moscow를, Rundstedt의 남부집단군은 우크라이나를 점령한다는 계획을 세웠다. 이때 북측방의 핀란드군은 Murmansk-Leningrad 통로를 차단하는 임무를 맡게 되었다. 작전이 순조로울 경우 Ural 산맥과 카스피해를 연하는 선까지 진출할 예정이었다. 이것이 Barbarossa 계획의 개요이다.

이 Barbarossa계획 수립시 곡물, 석유의 산지인 우크라이나, Caucasus 방면에 주공을 두고자 하는 Hiltler와 적의 수도인 Moscow 방면에 주공을 두고자 하는 군부의 의견이 엇갈려 주공방향은 초기작전 이후 작전의 경과를 보아 결정하기로 하였다.

다만 전투서열에 있어 공격의 핵이 되는 기갑군의 할당비율을 북부, 중앙, 남부 집단군에 1:2:1로 하므로써 중앙집단군이 약간 강화되었다.

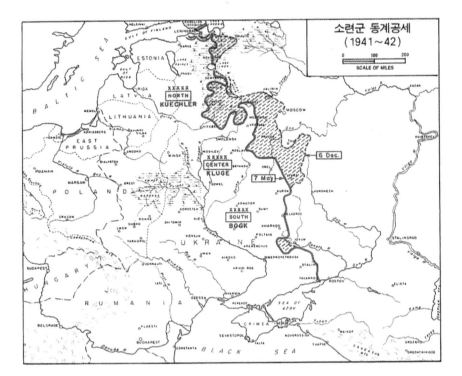

소련군 동계공세 (1941~1942)
일단 모스크바 전방에서 독일군의 진격을 저지시킨 소련군은 1941년 12월초 반격을 개시하였다. 이 공세로 소련군은 Vitebsk 전방의 대돌출부를 형성하고 Kaluga를 회복하는 등 얼마간의 실지를 회복한 후 1942년 3월에는 전선이 소강상태를 이루었다.

독일군의 하계공세 (1942)
중앙 전선에서 소련군의 반격을 안정시킨 후 Hiltler는 1942년 5월 8일 공세의 주 방향을 다시 Volga강과 Caucasus방면으로 돌렸다. 6월 28일 독일군은 Stalingrad(현 Volgograd)전방에 도달하였으나 Stalingrad 점령에는 실패하였다. 한편 Kleist의 A집단군은 Caucasus로 진격해 Maikop 유전지대를 점령하고 11월 18일까지는 Caucasus산맥 북쪽 사면까지 진출하였다.

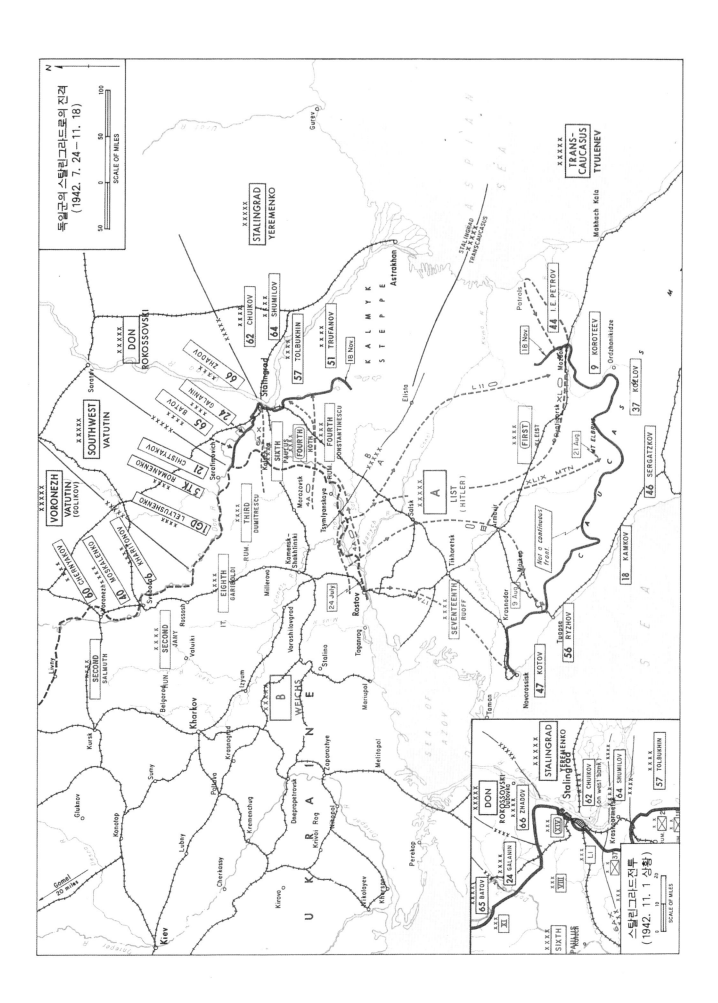

독일군의 스탈린그라드로의 진격
(1942. 7. 24 — 11. 18)

스탈린그라드전투
(1942. 11. 1 상황)

103

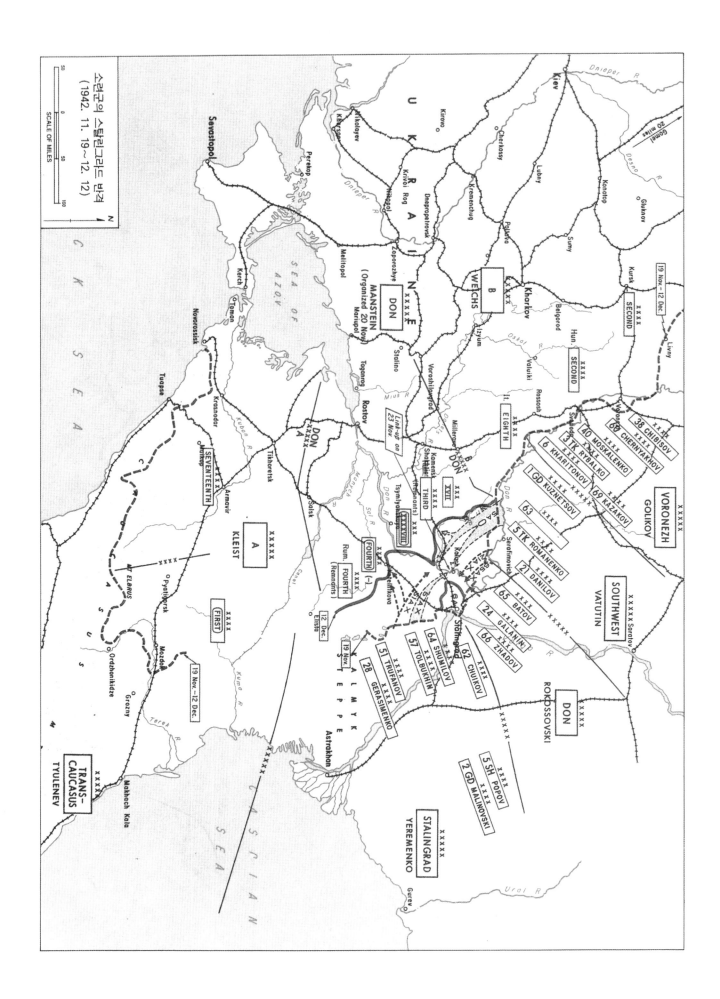

소련군의 스탈린그라드 반격
(1942. 11. 19 ~ 12. 12)

104

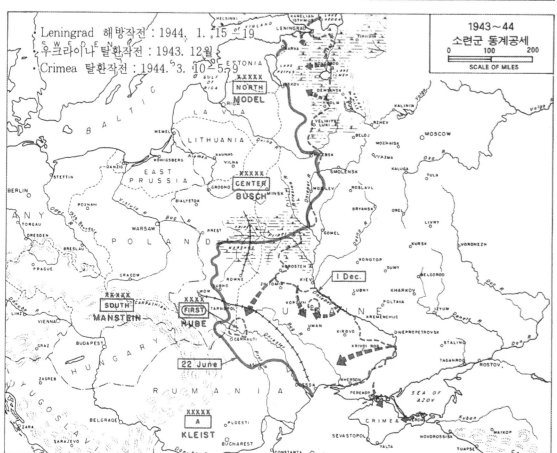

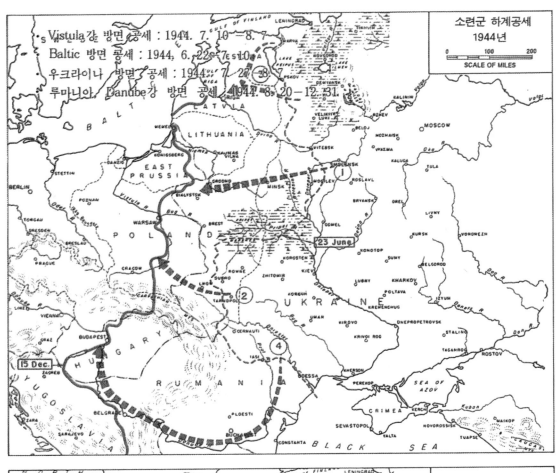

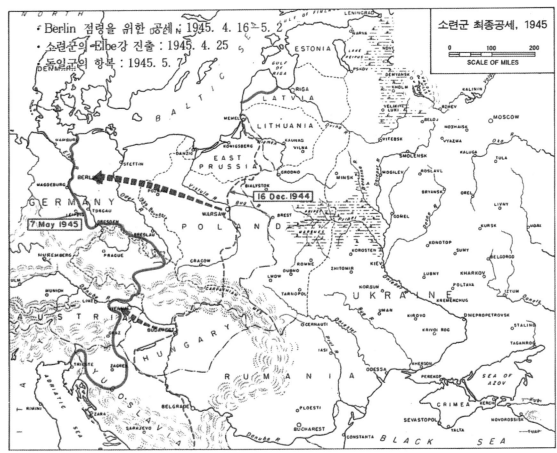

작전 경과

- 이탈리아 Graziani군의 공세 : 1940. 9. 13~16 : 독일공군의 지원하에 이탈리아군이 리비아–이집트 국경을 넘어 영국군을 공격, Sidi Barrani까지 진출후 정지하였다.

- 영국 Wavell군의 반격 : 1940. 12. 9~1941. 2. 7 : 기갑부대를 동반한 영국군의 기습 공격으로 이탈리아군은 패퇴하였다. 보병만으로 구성된 이탈리아군은 130,000명의 포로를 내고 전 Cyrenaica를 영국군에 내어주었다.

- 독일군의 증원과 Rommel의 공세 : 1941. 3. 24~5. 30 : 북아프리카의 이탈리아군을 증원하기 위해 Hitler가 투입한 Rommel의 Panzer군단을 포함하기로 결정하였다. 북아프리카에 도착한 Rommel군은 내륙의 사막지대에서 우회기동으로 영국군을 격파하고 리비아–이집트 국경까지 진출하였다.

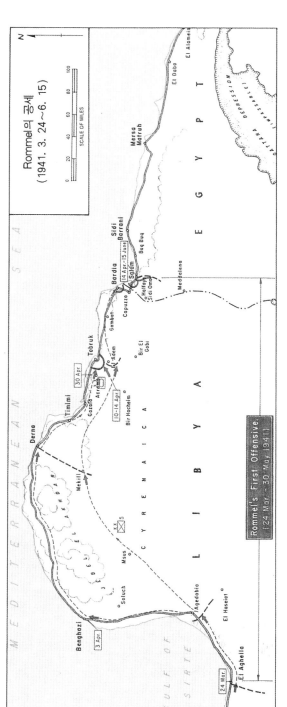

북아프리카 전역

Graziani의 공세와 Wavell의 반격
(1940. 9. 13~41. 2. 7)

Rommel의 공세
(1941. 3. 24~6. 15)

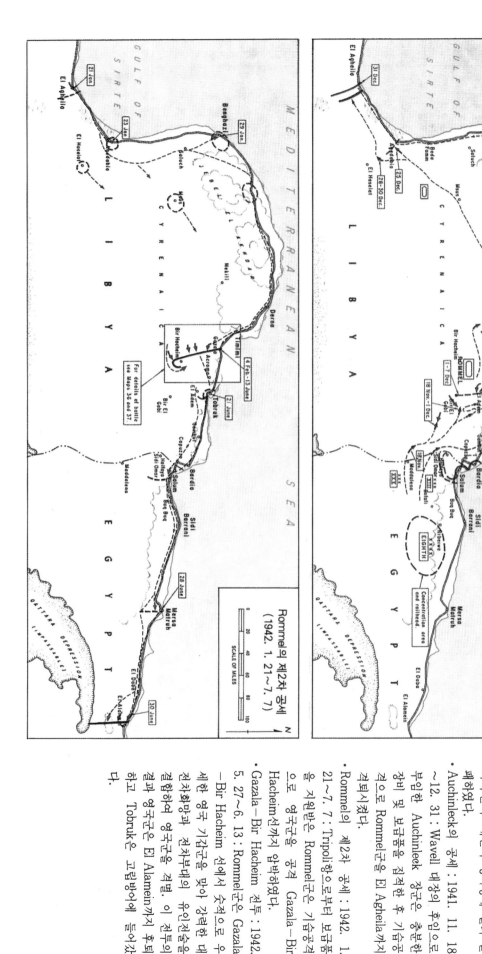

작전경과

· Wavell의 반격 : 1941. 6. 15~17 : Wavell은 고립된 Tobruk을 탈환하기 위해 공세를 폈으나 Tobruk을 축차투입하는 파오셀을 범하고 독일-이탈리아군의 대전차 방어막에 걸려 실패하였다.

· Auchinleck의 공세 : 1941. 11. 18 ~12. 31 : Wavell 대장의 후임으로 부임한 Auchinleck 장군은 충분한 장비 및 보급품을 집적한 후 기습을 견으로 Rommel군을 El Aghcila까지 격퇴시켰다.

· Rommel의 제2차 공세 : 1942. 1. 21~7. 7 : Tripoli항으로부터 보급품을 지원받은 Rommel군은 기습공격으로 영국군을 공격 Gazala-Bir Hacheim선까지 압박하였다.

· Gazala-Bir Hacheim 전투 : 1942. 5. 27~6. 13 : Rommel군은 Gazala-Bir Hacheim 선에서 수적으로 우세한 영국 기갑군을 맞아 강력한 내선차항맛과 전차부대의 유인전술을 결합하여 영국군을 격멸. 이 전투의 결과 영국군은 El Alamein까지 후퇴하고 Tobruk은 고립방어에 들어갔다.

엘 알라메인(El Alamein) 전투

El Alamein 전투는 2차대전의 전환점의 하나가 된 전투로서 1942년 10월 23일 부터 11월 4일에 걸쳐 Montgomery의 영국군이 Rommel의 독일-이탈리아 군에 대해 승리를 얻으므로써 북아프리카에서 연합군이 주도권을 장악한 전투이다. 이보다 앞서 Rommel군은 1942년 8월 31일에 El Alamein의 영국군 방어선을 공격, Alam Halfa 능선까지 진출하였으나 미리 이곳에 대전차 방어시설을 구축한 Montgomery군의 반격을 받아 출발선으로 퇴각하였다. 이 전투를 Alam Halfa 전투라고 부르는데 뒤따른 El Alamein 전투의 서전(緖戰)이 된다.

Montgomery의 작전계획

1. 남부전선에 대한 조공으로 Rommel 군이 영국군의 주공방향에 대한 판단을 흐리게 한다.
2. 준비된 보병공격으로 북부전선에서 적의 지뢰지대를 제거하고 진출로를 개척한다.
3. 보병이 개척한 통로를 통해 기갑부대가 돌파한다.

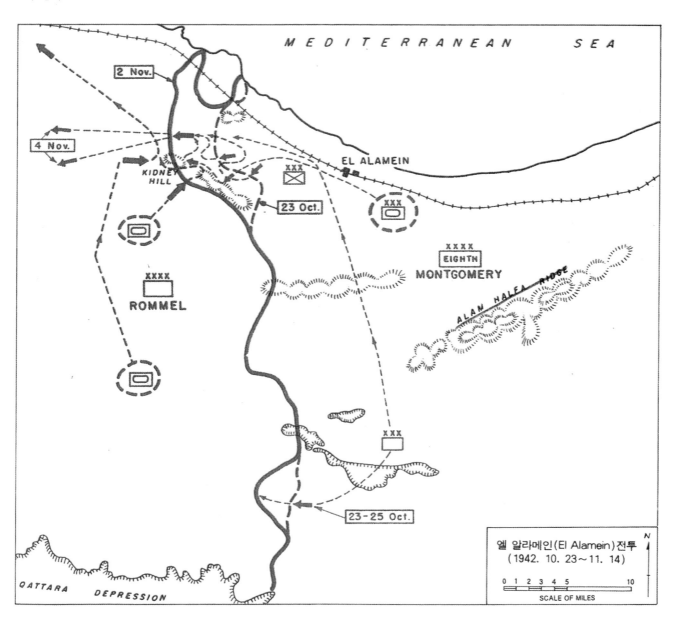

엘 알라메인(El Alamein) 전투
(1942. 10. 23~11. 14)

연합군의 프랑스령 북아프리카 상륙(Op. Torch)과 독일군의 튜지니아로의 철수

연합군은 1942년 11월 Morocco와 Algeria의 프랑스군에 대한 상륙작전을 시행하였는데 그 전략적 고려사항은,
1. 북아프리카에서 모든 추축국 세력을 제거하고 이집트와 중동에 대한 위협을 제거
2. 추축국 세력에 대한 봉쇄 강화

3. 동방에 이르는 독일의 지중해 보급로 차단
4. 차후 유럽대륙으로의 공격의 발판을 마련하고 러시아 전선의 독일군의 압력을 약화시킴
5. 프랑스 레지스탕스 운동을 지원 등이었다.

연합군의 전략방향 : Montgomery의 제8군은 El Alamein으로 부터 Rommel군을 추격하는 한편 Morocco의 Casablanca와 Algeria의 Oran, Algiers에 기습 상륙하므로써 북아프리카의 독일군을 양면에서 압박한다.

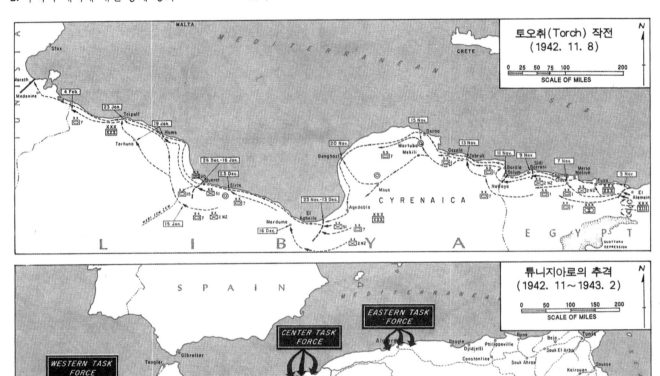

상륙작전 : 3개의 임무군(Task Force)로 나뉜 상륙부대는 1942년 11월 8일에 작전을 개시, 서부 임무군은 11월 11일에 Casablanca를 점령하고, 중부 임무군은 11월 10일 Algiers를 점령하였으며 동부 임무군은 11월 8일 Oran을 점령하였다.

Montgomery군의 추격 : El Alamein에서 승리를 거둔 Montgomery군은 우세한 항공지원하에서 1942년 11월 5일 부터 퇴각하는 Rommel군에 대한 활발한 추격전을 실시, 1943년 2월 4일 튜지니아 남부의 Mareth선까지 진출하였다.

마레쓰(Mareth)전투 : 1943.   3.
21~29 : Montgomery의   작전계획은
독일군의 주저항선인 Mareth에 대해
제30군단을 주공으로 공격을 가하고 제
10군단으로 하여금 후속하여 돌파하게
하는 한편 조공인 뉴질랜드 군단은
Rommel군의 측후방으로 우회 기동하
는 것이었다. 또 하나의 조공부대인 미
제2군단은 Maknassy를 확보하여 가능
한한 많은 독일군의 병력을 그곳에 유
인하는 임무를 띠었다.
주공부대인 제30군단의 돌파가 실패하
고 조공인 뉴질랜드 군단의 우회기동이
성공하자 Montgomery는 제10군단의
일부 부대를 뉴질랜드 군단쪽에 증원하
면서 이를 주공으로 삼았다. 이로 말미
암아 Mareth선을 고수하고 있던 Rom-
mel군은 방어선을 포기하고 Gabes로
철수해야 했다. 미 제2군단은 성공적으
로 견제 임무를 달성하였다.

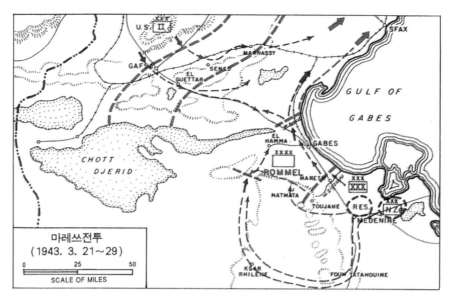

튜니스(Tunis)전투 : 1943. 4. 22
~5. 13 : 미 제2군단은 북부 해안 지역
으로 기동하였다. 중앙에서 주공을 담당
하던 영 제1군은 북측에서 미 제2군단
과 남측에서 영 제8군의 견제공격에 힘
입어 독일군 방어선을 돌파하고 5월 7
일 Tunis를 점령하였다. Tunis점령 이
후에도 독일군의 저항은 5월 13일 까지
계속되었으나 해상철수로를 상실한 독
일군은 25만명의 포로를 내었다.

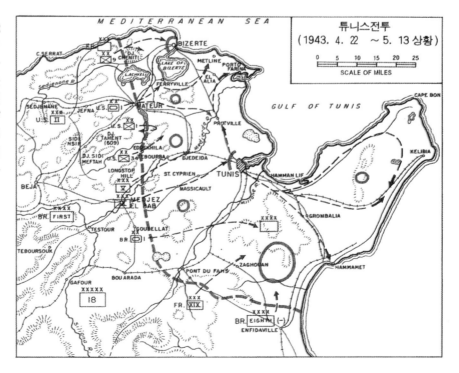

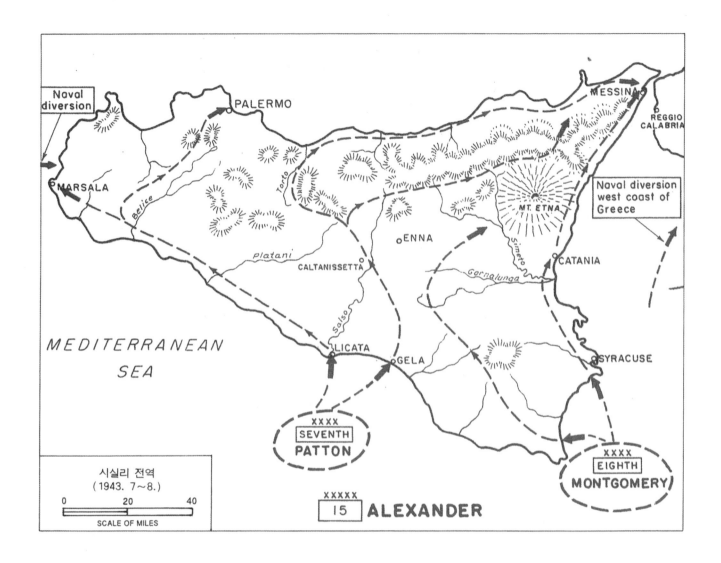

시실리 전역
(1943. 7~8.)

Sicily는 이탈리아 반도 남단에 있는 섬으로, 전략적으로 지중해에서 이태리에 접근하는 교통의 요충이다. 연합군은 튜지니아 점령 후 차후 이태리 점령의 예비단계로서 Sicily 침공을 결정하였다. 상륙군은 Alexander 대장의 제15집단군이었으며 Montgomery의 제8군과 Patton의 제7군으로 구성되었다. 상륙군은 1943년 7월 10일에 Sicily의 남동부 해안에 상륙, 북진하여 8월 17일까지는 Sicily 점령을 완료하였다. 독일군은 산악지형을 이용한 지연전을 효과적으로 시행하여 이태리 방어를 위한 시간을 벌었다.

이탈리아 침공의 전략적 고려사항

1. 전략적 주도권을 확보한다.
2. 지중해의 제해권을 보다 확실하게 장악한다.
3. 유럽으로 향한 교두보를 확보하고, 동부전선에 투입될 수 있는 독일군을 이곳으로 전용케 한다.
4. 독일본토 공격을 보다 쉽게 할 수 있는 기지를 확보한다.

작전경과

Salerno 전투 : 1943. 9. 2~10. 8 : 조공부대인 제8군(Montgomery)은 Calabria와 Taranto에 9월 2일 기습 상륙으로 교두보를 확보하였다. 그러나 독일군은 Salerno에 상륙한 연합군의 주공부대인 제5군(Clark)에 대해 강력히 저항하였다. 제5군은 한때 독일군의 반

격에 의해 분산될 위험에 빠졌으나 이를 극복하고 교두보를 확보한 후 10월 8일까지는 Voltruno강까지 진출하였다. 한편 제8군은 차후 작전의 발판이 될 Foggia 비행장을 점령한 후 10월 8일에는 Termoli를 점령하였다.

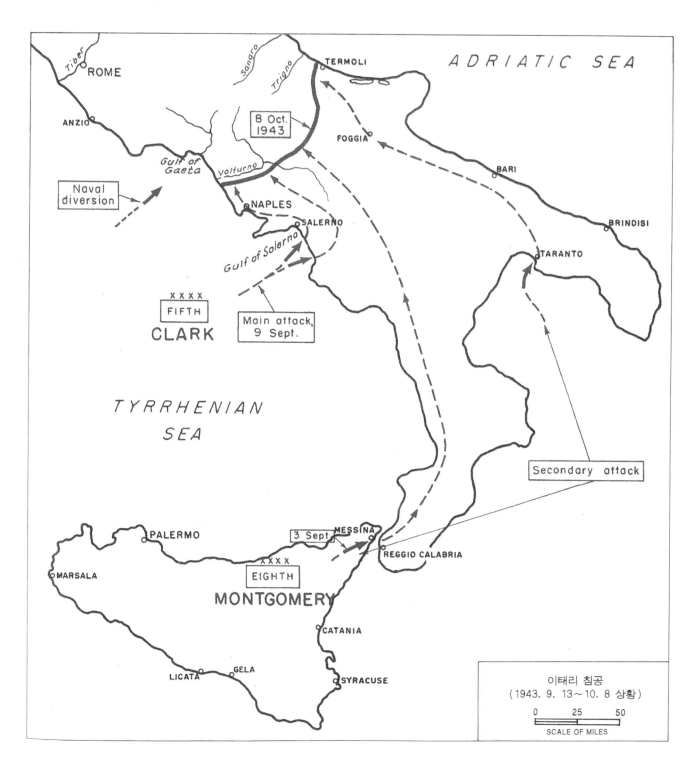

이태리 침공
(1943. 9. 13~10. 8 상황)

0   25   50
SCALE OF MILES

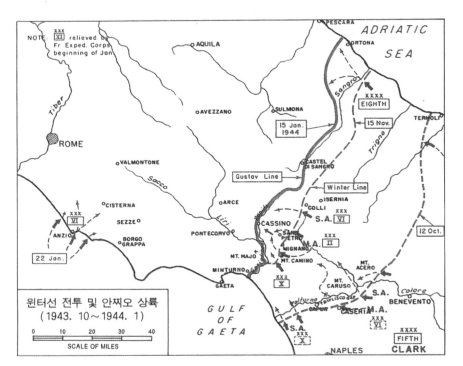

Anzio 상륙작전 : 1944. 1. 22 :
Winter Line에서 독일군의 강력한 방어에 고전하던 제5군의 상황을 타개하기 위해 연합군은 제6군단을 Anzio에 상륙시켰으나 임무에 비해 자원이 빈약하였고 독일군이 상륙군을 봉쇄할 충분한 병력을 투입하므로써 제6군단은 교두보에서 고립되었다. 이 상황은 연합군의 적극적인 공세가 재개된 1944년 5월 11일 까지 지속되었다.

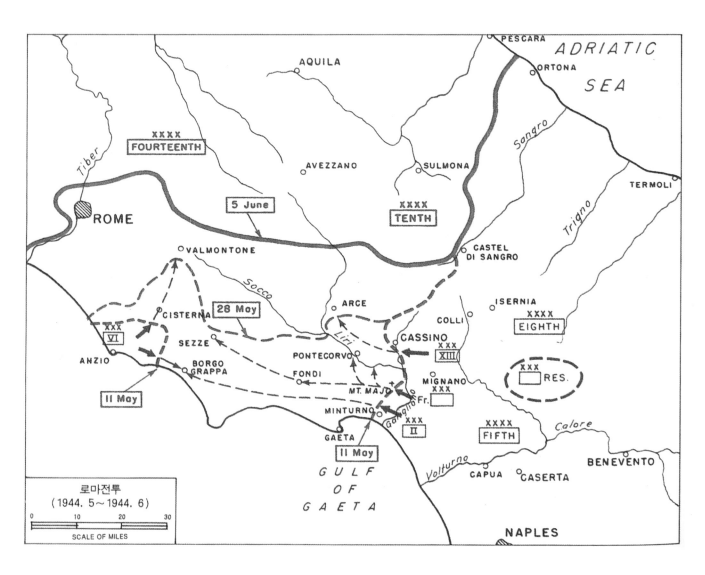

로마전투
(1944. 5~1944. 6)

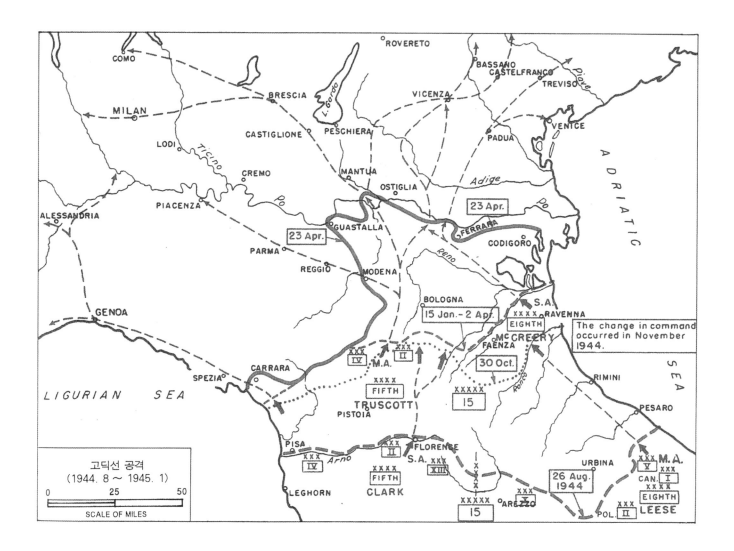

고딕선 공격
(1944. 8 ~ 1945. 1)

로마전투이후 독일군은 Gothic Line (Pisa-Florence-Urbina)에 강력한 방어선을 구축하였다. 연합군은 1945년 1월부터 4월까지 동부전선에서 제8군이 조공을 취하고 중서부전선에서 제5군이 주공을 담당해 독일군을 북으로 압박해 들어갔다. 그러나 독일군은 재차 Po강을 이용 연합군의 진격을 저지하였다. 북부이태리에서의 전역은 1945년 5월 7일 독일군이 무조건 항복문서에 서명하므로써 종결되었다.

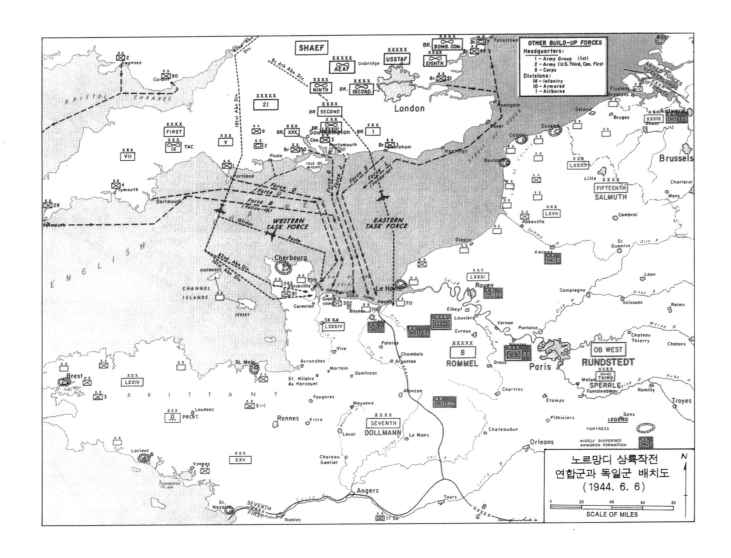

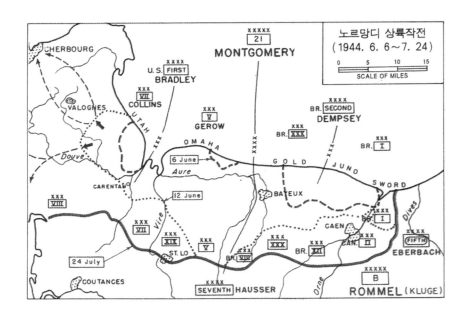

Normandy상륙

연합군의 Normandy 상륙작전은 1944
년 6월 6일에 실시되었다. 연합군 총사
령관은 Eisenhower 장군이었으며 상륙
부대는 Montgomery 장군 지휘하의 제
21집단군 예하 미 제1군, 영 제2군으로
구성되었다. 상륙 후 일주일 동안에
325,000명의 연합군 병력이 상륙완료하
였고, 폭 100Km의 교두보가 확보되었
다. 6월 13일부터 7월 24일 사이에 제
21집단군은 주요한 항구인 Cherbourg
항을 점령하고 St. Lo와 Caen을 연결
하는 선까지 교두보를 확장하였다.

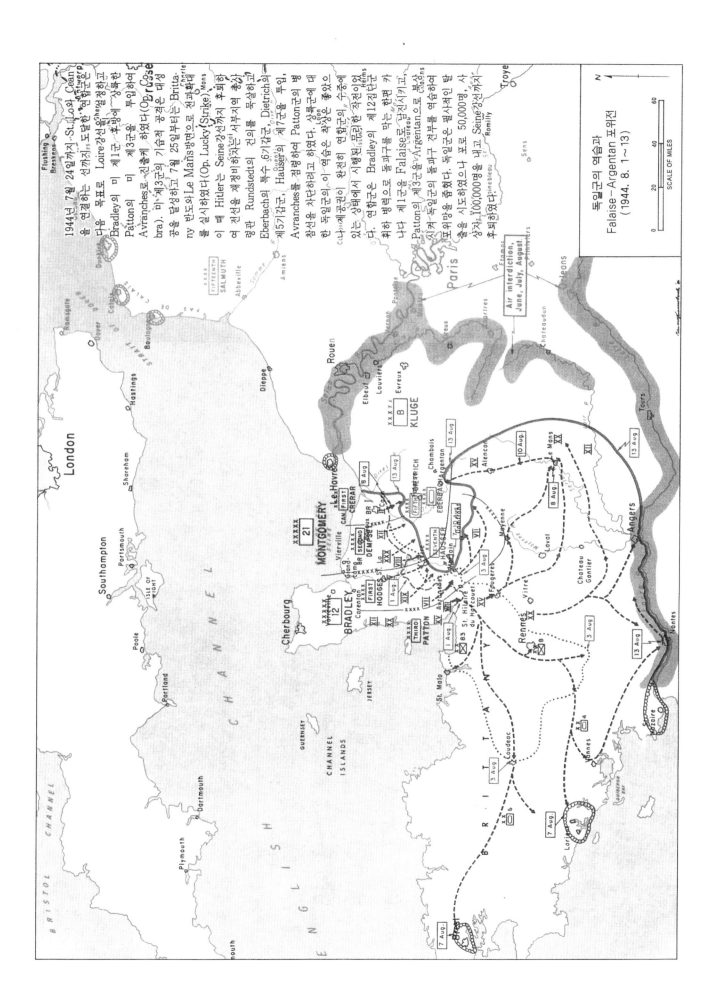

연합군은 Normandy 상륙작전을 구상하면서 상륙부대에 대한 독일군의 압박을 분산하기 위해 남부 프랑스 지역에 조공 역할을 하는 또 하나의 상륙작전을 계획하였다. 이 작전은 Anvil 작전이라고 명명되었는데 최초에는 Normandy 상륙과 같은 날 시행하기로 계획되었었다. 그러나 Normandy 상륙에 필요한 함정의 부족으로 이 작전은 8월까지 연기되었다. 상륙군은 Patch 장군의 미 제7군이 담당하게 되었는데 제7군은 8월 15일 Toulon, Cannes 등지에서 거의 저항을 받지 않은 채 상륙, 퇴각하는 독일군 제19군을 격파하며 북진하여 8월 22일에 Grenoble에서 Patton의 제3군과 연결하였다.

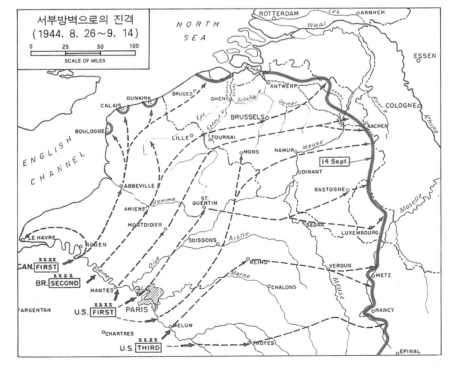

Falaise-Argentan 포위전 이후 패주하는 독일군을 Paris와 Seine강선까지 추격한 연합군은 8월 26일부터 쉽게 Seine강을 도하, 9월 14일까지는 대략 Schelde 하구에서 벨기에, 룩셈부르크의 국경, Meuse 강을 잇는 선까지 진출하였다. 이때 연합군은 Red Ball Express라는 지급수송작전에 의해 진격을 계속할 수 있었으나 9월 중순에는 보급사정이 악화되고 독일군이 장기간 요새화한 West Wall(혹은 Siegfried Line)에 부딪혀 일단 진격을 멈추었다.

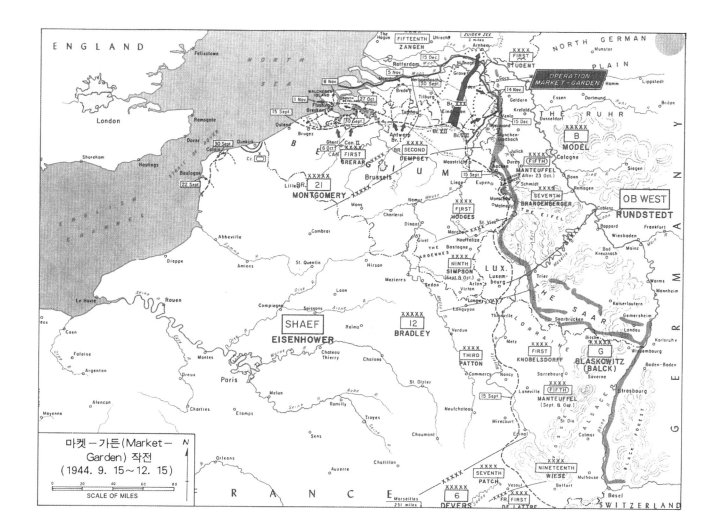

Market—Garden작전

연합군은 서부방벽에 도달한 후 보급문제의 해소를 위해 Antwerp항의 점령이 필요하고 네덜란드에 있는 독일군 V 무기 기지를 제거하며 차후 작전에서 지형이 평탄한 북방으로 우회하기 위해 Montgomery의 제21집단군에 주공을 두기로 결정하였다.

주공을 담당한 Montgomery는 Rhine 강상의 교량을 확보할 목적으로 일련의 공수작전과 지상부대의 작전을 결합한 기습적 공격으로 Rhine강 대안에 교두보를 확보하고자 하였다.

Market-Garden이라고 명명된 이 작전은 미 제1공정사단이 Eindhoven을, 미 제82공정사단이 Nijmegen을, 영 제1공정사단이 Arnhem을 동시에 점령하는 Market작전과 영 제2군이 진격하며 이 부대들과 연결하는 Garden작전으로 이루어졌다.

9. 17 14 : 00에 시행된 공수작전에서 미 제82, 101 공정사단은 예정대로 Nijmegen과 Eindhoven을 점령하는데 성공하였으나 영 제1공정사단은 독일군의 강력한 기갑부대가 주둔하고 있던 Arnhem 점령에 실패하였다. 이로써 영 제2군은 Rhine 강변까지는 진출하였으나 교두보 확보에는 실패하였고 전선은 교착상태에 빠졌다.

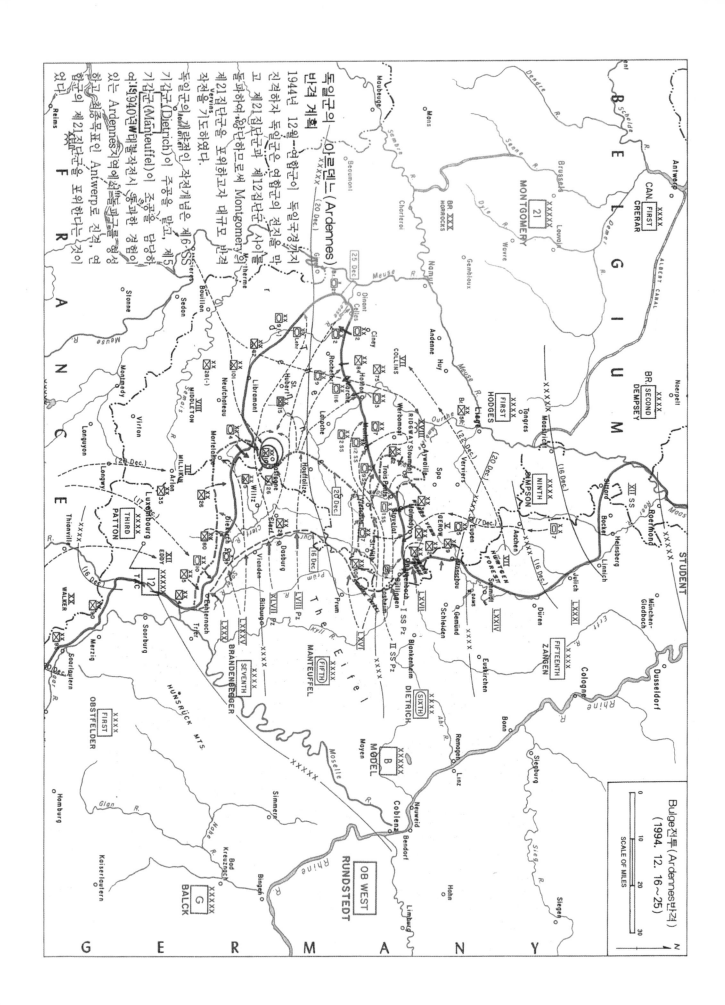

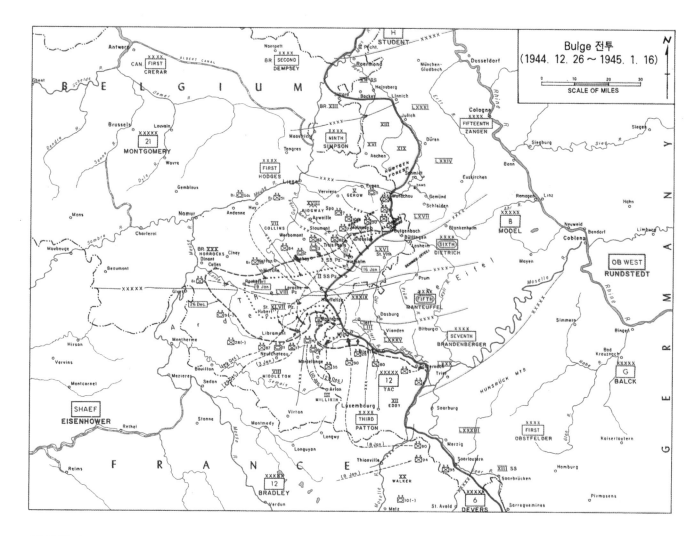

작전경과

독일군은 연합군의 항공기가 활동하지 못하는 악천후를 이용, 1944년 12월 16일 기습 돌파를 개시하였다. 연합군의 의표를 찌른 기습효과에 의해 최초의 돌파는 성공적이었다. 그러나 미 제1군의 강력한 저항을 받은 독일의 제6 SS 기갑군의 진격이 예상외로 부진한 반면 제5기갑군의 공세는 순조롭게 되자 독일군 B집단군 사령관 Model은 제5기갑군에 주공의 임무를 맡겼다. 한때 독일군 공격부대의 첨단은 Meuse강 전방까지 도달하였으나 돌파구 견부인 Bastogne를 미 제101공수사단이 영웅적으로 고수하는 한편, 12월말부터 기상이 호전되어 연합공군의 활동이 재개되므로써 독일군의 보급선이 위협받았다. 연합군은 12월 25일부터 북측에서 미 제1군이, 남측에서 미 제3군이 돌파구에 대한 반격을 가해 독일군은 역포위당할 위기에 처했다. 독일군의 기갑부대는 가까스로 포위망을 벗어났으나

많은 피해를 입고 본래의 공격개시선으로 후퇴하였다.

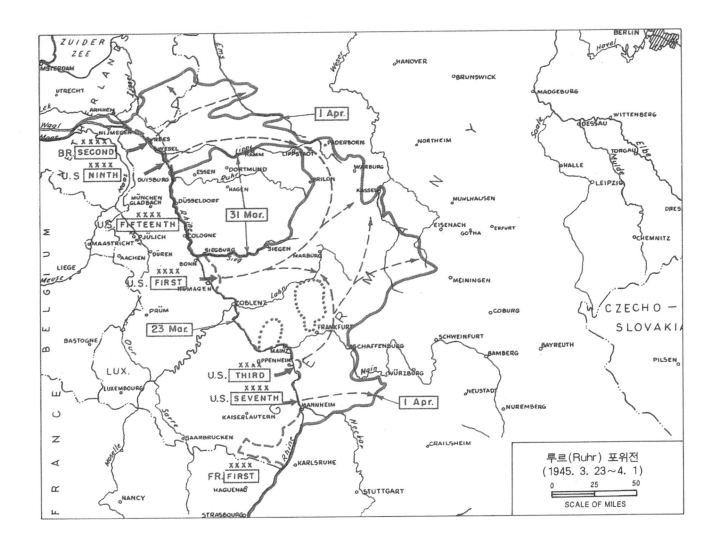

루르(Ruhr) 포위전
(1945. 3. 23~4. 1)

연합군의 Rhine강 도하작전은 1945년 4월 23일 Montgomery의 제21집단군이 미 제18공수군단의 지원하에 Wesel에서 Rhine강을 도하하고 28일까지 Rhine강 대안에 확고한 교두보를 확보하므로써 신속히 전개되었다. 동시에 제12집단군 예하 미 제1군은 Rhine강상의 Remagen철교를 확보하므로써 또 하나의 교두보를 형성하였다.

이 두 곳에서의 교두보 확보에 힘입어 연합군은 대규모 포위전을 전개하였다. 북측에서는 미 제9군이, 남측에서는 미 제1군이 후방 깊숙이 진격하여 Rhine강 방어선을 담당하고 있었던 Model의 B집단군을 5월 18일 포위망안에 가두었다. 이 Ruhr포위망은 직경 100km가 넘는 것으로 독일군은 이 포위망에서 30만명의 사상자를 내는 한편 엄청난 보급품, 공업시설을 상실하므로써 전쟁 수행능력에 결정적인 타격을 입었다.

한편 4월 22일 Patton의 제3군은 Oppenheim에서 라인강을 도하, 남부 독일 지역으로의 진격로를 개척하였다.

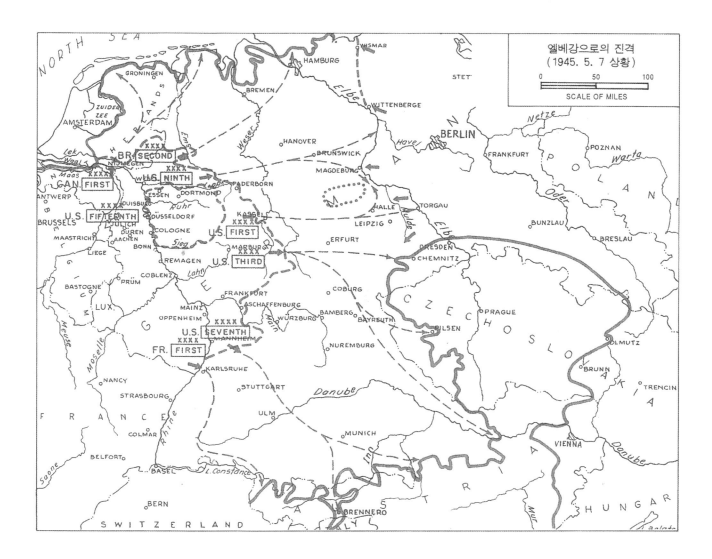

연합군은 Ruhr에서 제21집단군이 포위
망을 완성한 후 1945년 4월 10일부터
시행된 공세에서 주공을 담당한 제21집
단군의 미 제15군은 Ruhr 포위망을 압
축하여 독일군을 소탕하는 한편, 영 제
2군, 미 제9군과 미 제1군은 Elbe강선
까지 독일군을 추격케 하고, 조공을 담
당한 제12집단군 예하의 미 제3군, 미
제7군, 프랑스 제1군은 프랑스－오스트
리아 국경까지 진출, 남부 독일 점령작
전을 담당케 하였다.

작전은 급진전하여 제21집단군은 4월
15일에는 Elbe강까지 독일군을 추격하
였고 4월 25일에는 Torgau에서 소련
군과 접촉하였다. 제12집단군은 오스트
리아 국경선까지 진출, 남부 독일의 대
부분을 점령하였다.

4월말부터 5월초까지 연합군은 네덜란
드 해안지대에서 산발적으로 저항하는
독일군을 소탕하는 작전을 전개하는 가

운데 독일이 무조건 항복을 수락하므로
써 전쟁은 끝이 났다. 독일의 무조건 항
복은 5월 7일 Reims에서 조인되었고
이에 따라 모든 전투행위는 1945년 5
월 8일 23시를 기해서 멈추었다.

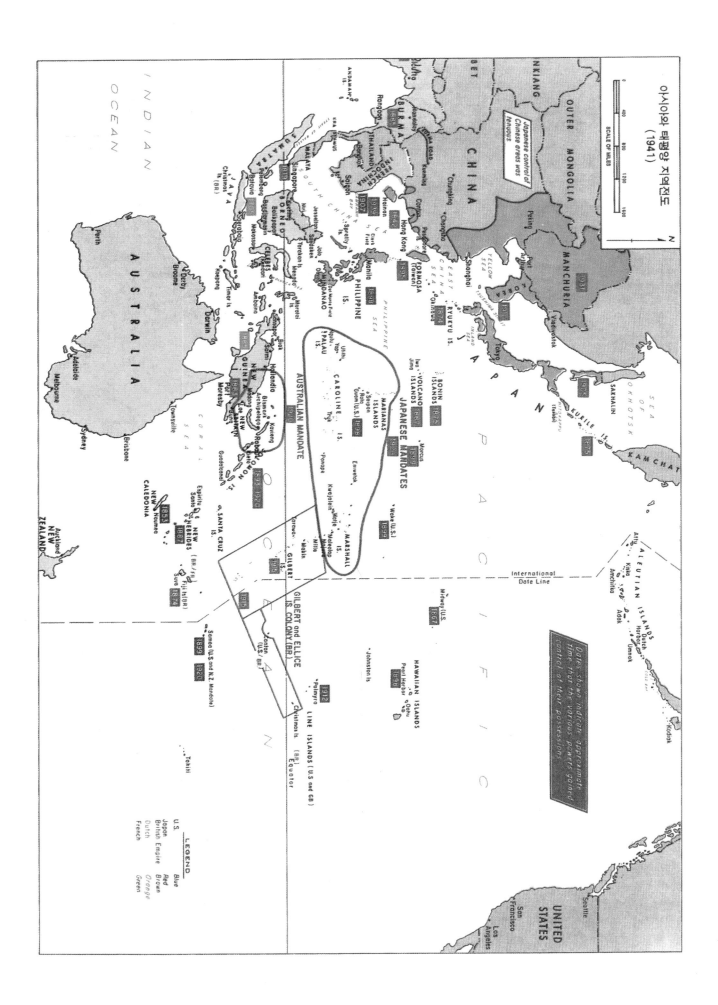

아시아와 태평양 지역전도 (1941)

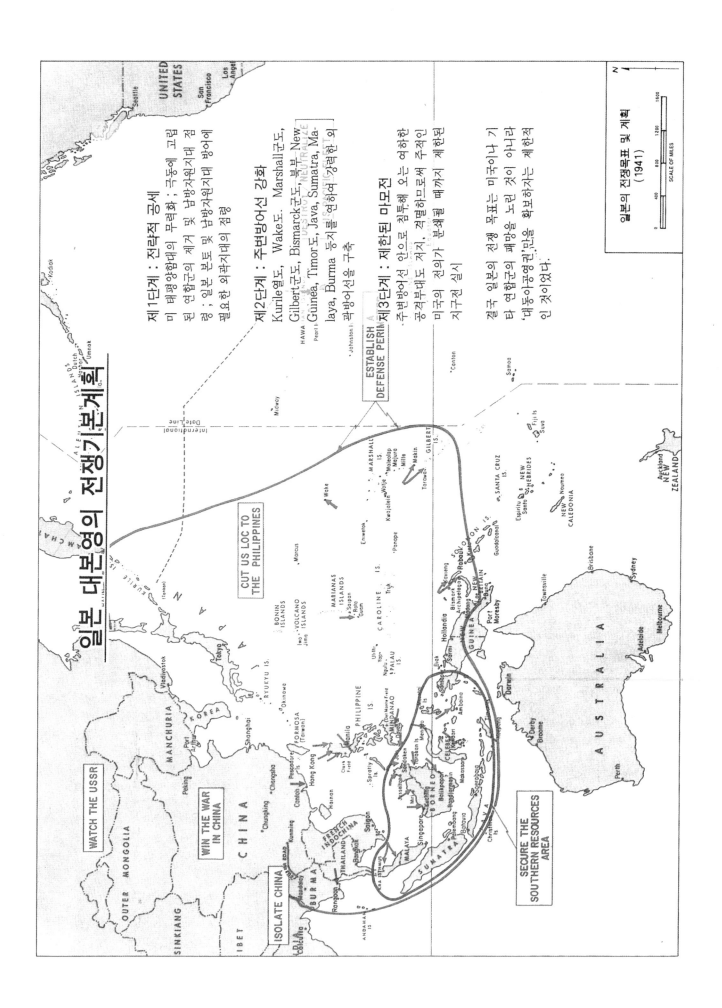

일본 대본영의 전쟁기본계획

일본의 전쟁목표 및 계획 (1941)

WATCH THE USSR

WIN THE WAR IN CHINA

ISOLATE CHINA

CUT US LOC TO THE PHILIPPINES

ESTABLISH A DEFENSE PERIMETER

SECURE THE SOUTHERN RESOURCES AREA

제1단계 : 전략적 공세

미 태평양함대의 무력화 ; 극동에 고립된 연합군의 제거 및 남방자원지대 점령 ; 일본 본토 및 남방자원지대 방어에 필요한 외곽지대의 점령

제2단계 : 주변방어선 강화

Kurile열도, Wake도, Marshall군도, Gilbert군도, Bismarck군도, 북부 New Guinea, Timor도, Java, Sumatra, Malaya, Burma 등지를 연하여 강력한 외곽방어선을 구축

제3단계 : 제한된 마모전

주변방어선 안으로 침투해 오는 여하한 공격부대도 저지, 격멸하므로써 주위인 미국의 전의가 분쇄될 때까지 제한된 지구전 실시

결국 일본의 전쟁 목표는 미국이나 기타 연합군의 패망을 노린 것이 아니라 '대동아공영권'만을 확보하려는 제한적인 것이었다.

125

영국의 말라야군 배치도
(1941. 12. 7)

말라야(Malaya)전역
(1941. 12~1942. 1)

Malaya점령 : 1941. 12. 8~
1942. 2. 9

1940년부터 태국에 정치적 및 경제적 침투를 해왔던 일본은 개전과 동시에 진행된 말라야 전역에서 기습 달성을 위해 태국남부지역을 말라야 침공의 발판으로 이용하였다. 일본군 제25군 주력은 1941. 12. 8 태국의 Singora와 Patani에 상륙, 남진하였는데 이것은 남방으로부터 공격에 대비하고 있었던 말레이 주둔 영국군으로서는 예상치못한 방향상의 기습이었다. 야마시타(山下)의 25군은 정글작전에 잘 훈련된 병력을 중심으로 전차, 자전거부대를 이용하고 소규모 상륙정에 의한 상륙작전으로 영국군 후방을 연속적으로 차단하면서 말레이 반도를 석권하였다. 일본군은 1942년 2월 18일부터 Singapore에 대한 공격을 시작하였으며, 1주일간 버티던 영국군 사령관 Percival중장이 2월 15일 70,000명의 병력과 함께 항복하였다.

일본군의 침공 : 1941. 12. 10

태평양 지역의 미국의 주요 기지인 필리핀에 대한 일본군의 공격은 1941년 12월 8일 항공기습과 동시에 시작되었다. 미군의 항공기지를 무력화한 일본군은 최초 Aparri와 Vigan에 상륙하고 제14군 주력은 12월 22~23일에 Lingayen만에, 조공부대는 12월 23~24일에 Lamon만에 상륙하였다.

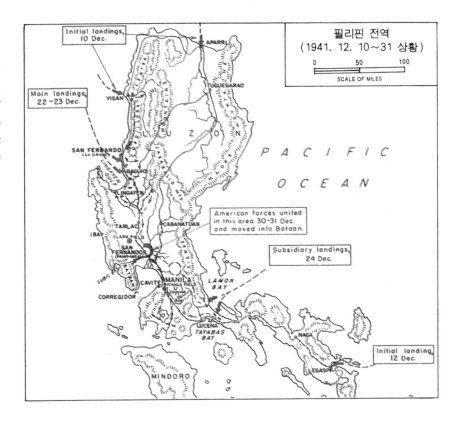

바타안(Bataan)전투 : 1941. 1. 10~5. 6

MacArthur 휘하의 북부루존군과 남부루존군은 지연전을 실시, Bataan 반도로 철수, 장기 방어전을 전개하다가 4월 9일에 항복하였다. MacArthur장군은 3월 11일 서남태평양사령관으로 임명되어 호주로 탈출하였고 이후 Bataan 수비대의 지휘권은 Wainwright 중장에게 인계되었다. 잔여부대는 Corregidor 섬에서 5월 6일까지 버티다가 항복하였다. 미군이 Bataan에서 시행한 6개월 간의 지연전은 일본군이 차후작전에 투입할 병력, 자원을 이곳에 묶어두게 하므로써 미군의 반격작전에 도움을 주었다.

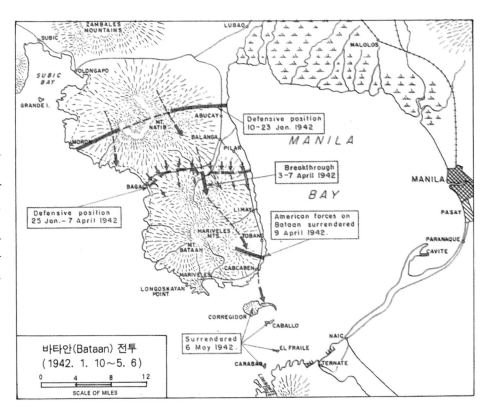

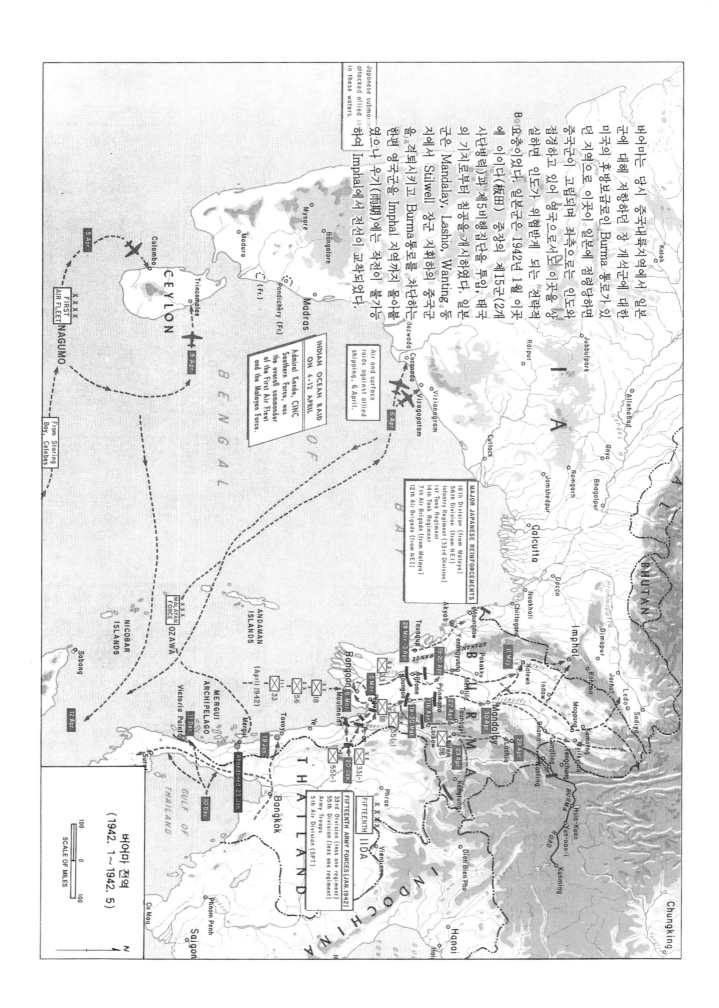

버어마 전역 (1942. 1~1942. 5)

버어마는 당시 중국내륙지역에서 일본군에 대해 저항하던 장개석군에 대한 미국의 후방보급로인, Burma 통로가 있던 지역으로 이곳이 일본에 점령당하면 중국군이 고립되며 인도와 접경하고 있어 영국으로서도 이곳 상실하면 인도가 위협받게 되는 "전략적 요충"이었다. 일본군은 1942년 1월 이주에 이다(板田) 중장의 제15군 (2개 사단병력)과 제5비행집단을 투입, 태국의 기지로부터 점공을 개시하였다. 일본군은 Mandalay, Lashio, Wanting 등지에서 Stilwell 장군 지휘하의 중국군을 격퇴시키고 Burma통로를 차단하는 한편 영국군을 Imphal 지역까지 몰아붙였으나 우기(雨期)에는 작전이 교착되어 Imphal에는 작전이 교착되었다.

Japanese submarines attacked allied shipping in these waters.

FIRST AIR FLEET NAGUMO (XXXX)
From Staring Bay, Celebes.

5 Apr.
9 Apr.

INDIAN OCEAN RAID ON 4-12 APRIL.
Admiral Kondo, CINC Southern Force, was the overall commander of the First Air Fleet and the Malayan Force.

Air and surface raids against allied shipping, 6 April.

6 Apr.

MAJOR JAPANESE REINFORCEMENTS
18th Division (from Malaya)
56th Division (from NEI)
Infantry Regiment (33rd Division)
1st Tank Regiment
14th Tank Regiment
7th Air Brigade (from Malaya)
12th Air Brigade (from NEI)

MALAYAN FORCE OZAWA (XXXX)

12 Apr.

FIFTEENTH ARMY FORCES (JAN.1942)
33rd Division (less one regiment)
55th Division (less one regiment)
Army Troops
5th Air Brigade (SPT)

FIFTEENTH IIDA (XXXXX)

CEYLON
Colombo
Trincomalee

BAY OF BENGAL

Madras
Bangalore
Mysore
Madura
Pondichéry (Fr.)
Vizagapatam
Cocanada
Bezwada
Rajpur
Jubbulpore
Allahabad
Gaya
Bhagalpur
Ramgarh
Jamshedpur
Cuttack
Calcutta
Dacca
Noakhali
Chittagong

I N D I A

BHUTAN

Imphal
Dimapur
Kohima
Jorhat
Ledo
Sadiya

ANDAMAN ISLANDS

NICOBAR ISLANDS

Sabang

B U R M A
ARAKAN YOMA RANGE
Akyab
Maungdaw
Buthidaung
Pokoku
Yenangyaung
Minbu
Prome
Taungup
Toungoo
Pyinmana
Mandalay
Lashio
Meiktila
Loikaw
Taunggyi
Kengtung
Myitkyina
Mogaung
Bhamo
Kunchaung
Namhkam
Wanting
Hsia-kuan
Yun-nan-i
Kunming
BURMA ROAD

Rangoon
Moulmein
Ye
Tavoy
Mergui
MERGUI ARCHIPELAGO
Victoria Point
Suri

THAILAND
GULF OF THAILAND
Bangkok
Phrae
Vientiane
Dien Bien Phu

INDOCHINA
Hanoi
Saigon
Phnom Penh
Ca Mau

Chungking

28 Mar - 3 Apr
19-20 Apr
11 May
8 Mar
19-30 Mar
5 Mar
22 Apr
23 Apr
28 Apr
30 Apr
(April 1942)
33
56
18
55(-)
33(-)
55(-)
33(-)
13 Dec
19 Jan
10 Dec
20 Jan
Abandoned 23 Jan

SCALE OF MILES
100   0   100

N

128

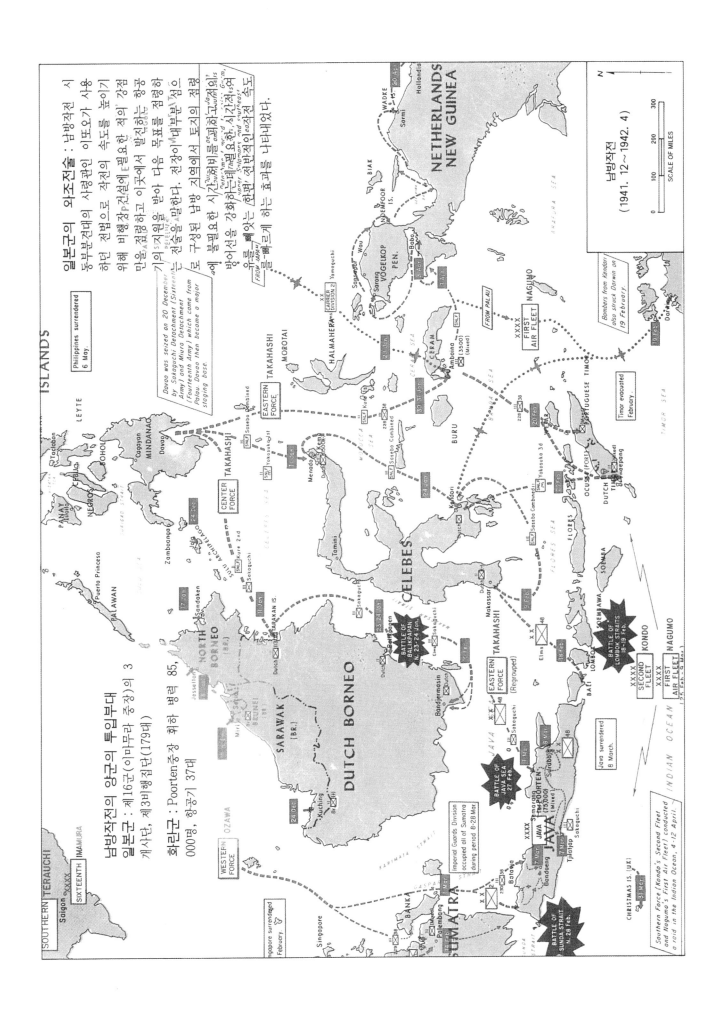

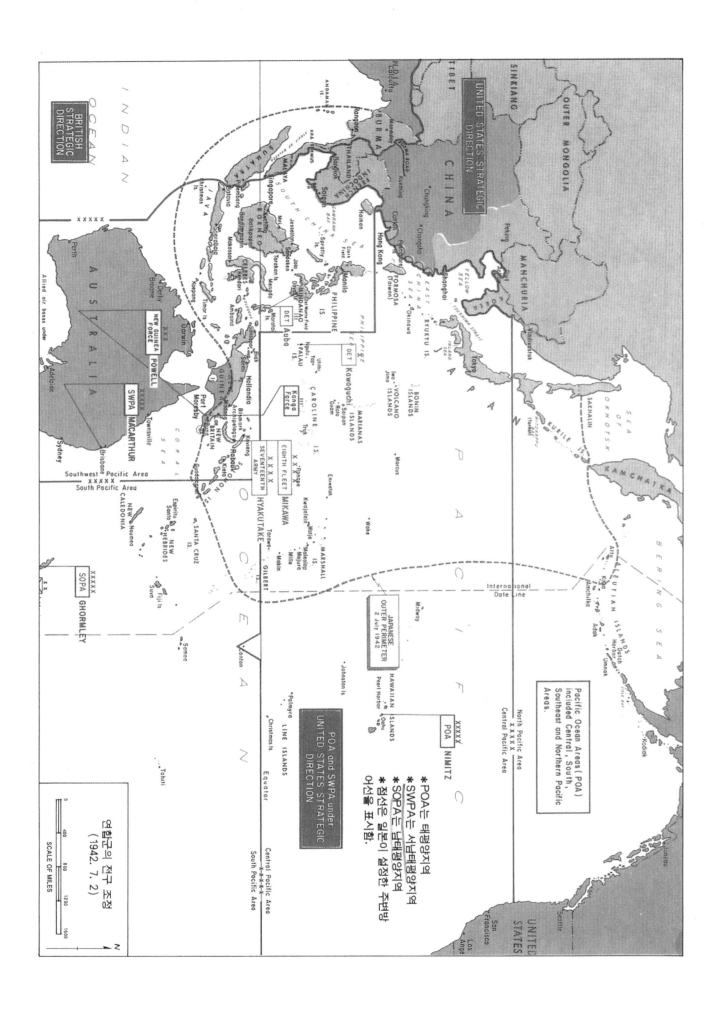

연합군의 전략 조정
(1942. 7. 2)

130

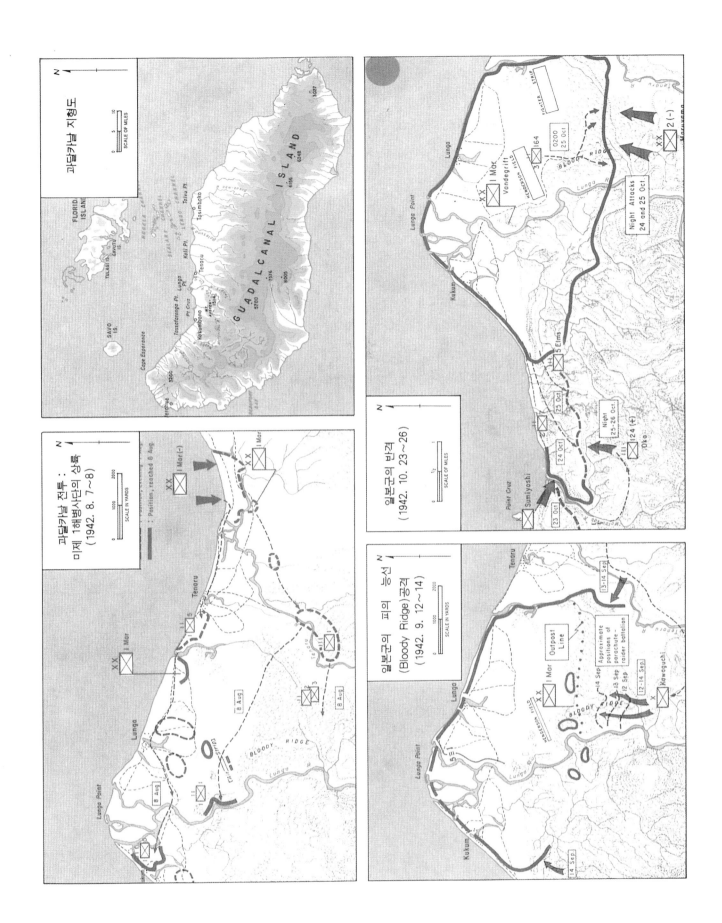

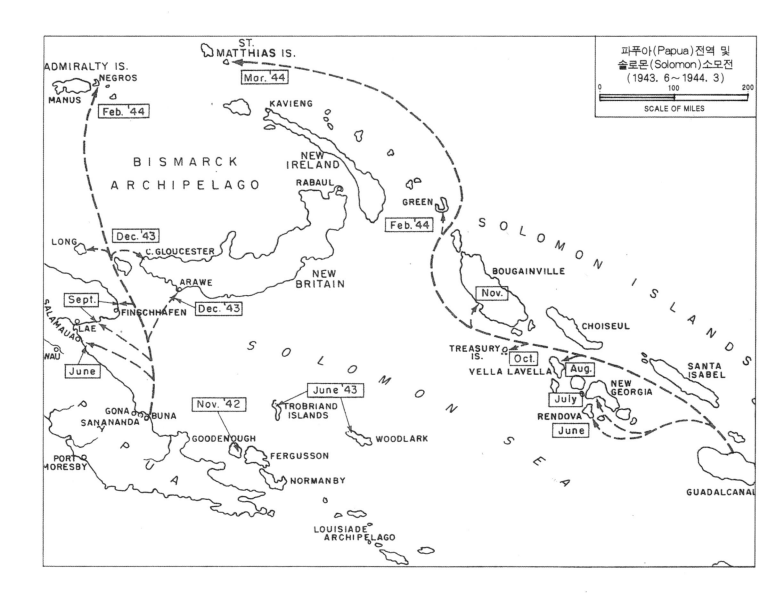

Guadalcanal전투가 계속되는 가운데 MacArthur는 1942년 9월 28일 Port Moresby 전방까지 진출한 일본군에 대해 반격작전을 전개, 1942년 11월까지는 Buna, Gona까지 진출하여 차후 작전의 발판을 마련하였다. MacArthur는 이곳을 발판으로 1943년에는 북부 New Guinea와 Bismarck군도의 일본군 기지를 석권하며 필리핀 방향으로 진출하였다. 한편 1942년 10월 Guadalcanal에서 일본군을 축출한 Halsey 제독은 1943년에는 Solomon 군도, New Ireland, St. Mathias 섬을 잇는 축선으로 동에서 서로 진격하였다. Guadalcanal전투로부터 Rabaul(일본 제8방면군 사령부)를 고립시키기까지 1년여에 걸친 기간동안 미, 일 양군은 수차례의 해전을 통해 쌍방이 막대한 피해를 보았는데 이 때의 일련의 전투를 총칭하여 Solomon소모전이라고 부른다. Solomon소모전이 벌어지는 동안 미국의 군수산업능력은 일본에 비해 현격히 제고되어 차후 양측의 전쟁수행력의 격차를 벌려놓았다.

By Pass 전술 : MacArthur와 Halsey는 이 반격작전에서 적의 강점을 피하고 약점을 공격하여 적을 고사(枯死)시키는 소위 By Pass전술을 즐겨 사용하였다.

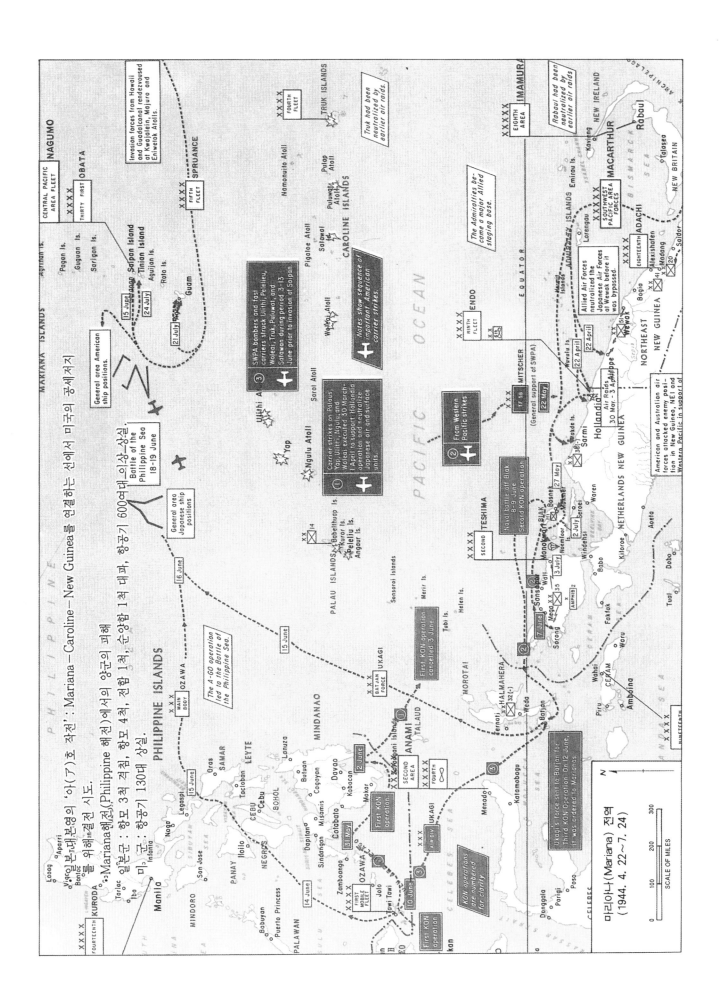

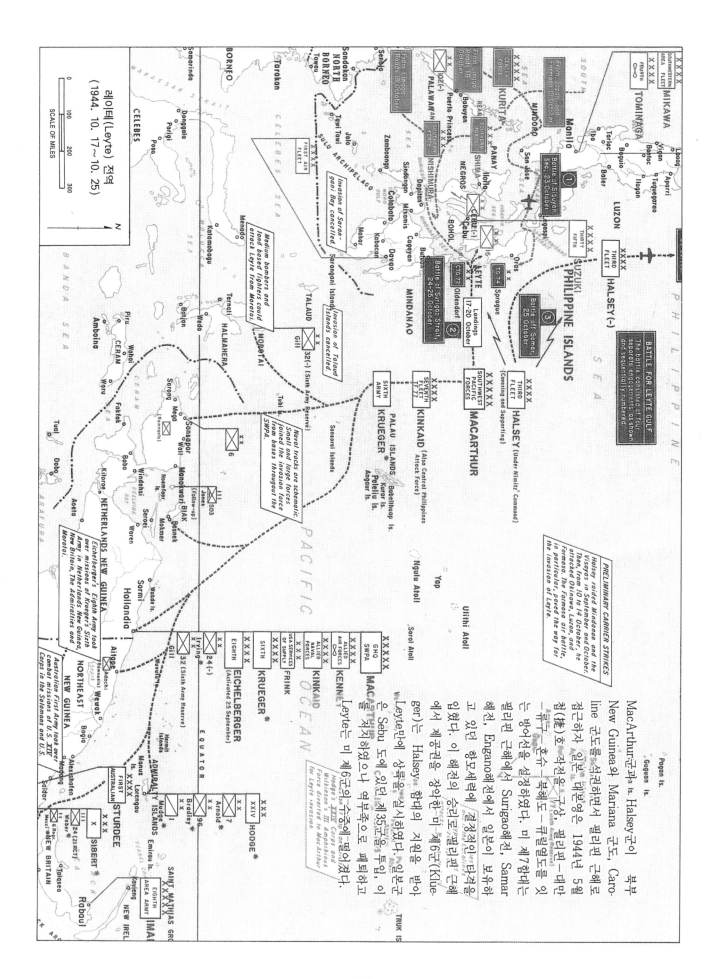

레이테(Leyte) 전역
(1944. 10. 17~10. 25)

BATTLE FOR LEYTE GULF
The battle consisted of four separate engagements, as shown and sequentially numbered

PRELIMINARY CARRIER STRIKES
Halsey raided Mindanao and the Visayas in September and October. Then, from 10 to 14 October, he attacked Okinawa, Formosa, Luzon, and Formosa. The Formosa air battle, in particular, paved the way for the invasion of Leyte.

MacArthur군과 Halsey군이 북부 New Guinea와 Mariana 군도, Caroline 군도를 점령하면서 필리핀 근해로 접근하자 일본은 대본영은 1944년 5월 첩(捷)호작전을 구상, 필리핀─대만─류우큐우─혼슈우 방어선을 설정하였다. 미 제7함대는 필리핀 그레이트 Surigao해전, Samar에서, Engano해전에서 일본의 보유하고 있던 항모세력을 장악한─미 제3군(Klueger)는 Halsey의 함대의 지원을 받아 Leyte만에 상륙을 시하였다. P.일본군 은 Sebu 도에 있던 제35군으로 투입, 이후 Leyte는 미 제6군의 수중에 넣어졌다.

Imphal지역에서 소강상태를 유지하던 버어마 전선은 1944년초 일본군이 Imphal 포위작전을 기도함으로써 작전이 재개되었다. 1944년 3월 3개사단으로 구성된 제15군(무타구치 중장)은 보급, 화력 및 항공지원이 충분치 못한 상태에서 Imphal을 포위하고자 하는 기동을 하였다. 영국 및 인도군은 강력한 공중엄호를 받는 한편 증강된 기갑, 포병 부대를 투입하여 보병위주의 육탄공격을 시도하는 일본군의 후방을 차단, 포위망안에 가두었다.

Imphal에서 결정적인 타격을 입은 일본군은 1944년 5월 이래 후퇴를 거듭하여 한 중국군과의 협조된 공격으로 1945년 3월에는 Mandalay, 5월에는 Rangoon을 탈환하였다.

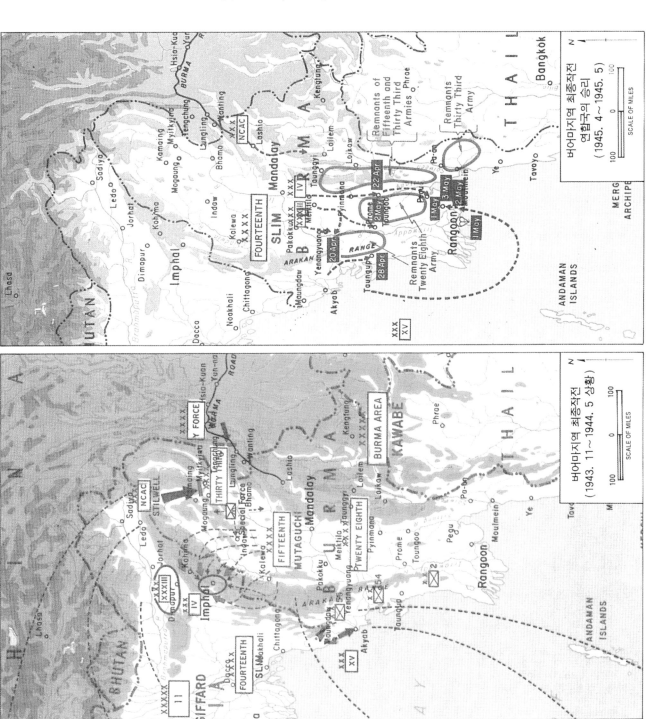

버어마지역 최종작전 연합국의 승리
(1945. 4~1945. 5)

버어마지역 최종작전
(1943. 11~1944. 5 상황)

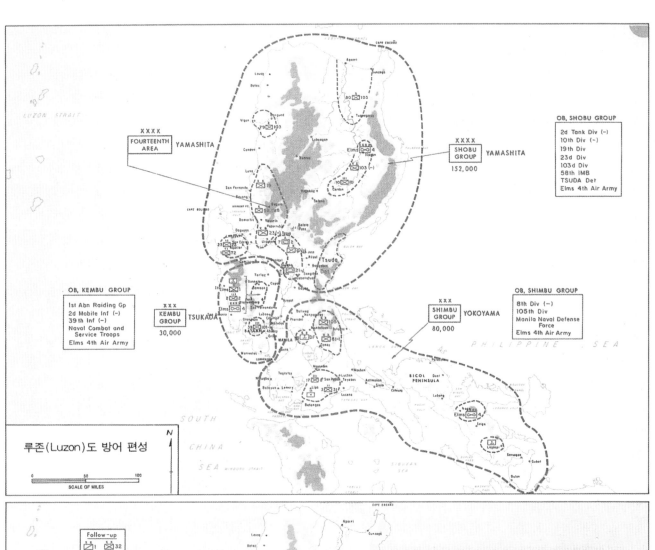

OB, SHOBU GROUP

2d Tank Div (-)
10th Div (-)
19th Div
23d Div
103d Div
58th IMB
TSUDA Det
Elms 4th Air Army

OB, KEMBU GROUP

1st Abn Raiding Gp
2d Mobile Inf (-)
39th Inf (-)
Naval Combat and
Service Troops
Elms 4th Air Army

OB, SHIMBU GROUP

8th Div (-)
105th Div
Manila Naval Defense
Force
Elms 4th Air Army

루존(Luzon)도 방어 편성

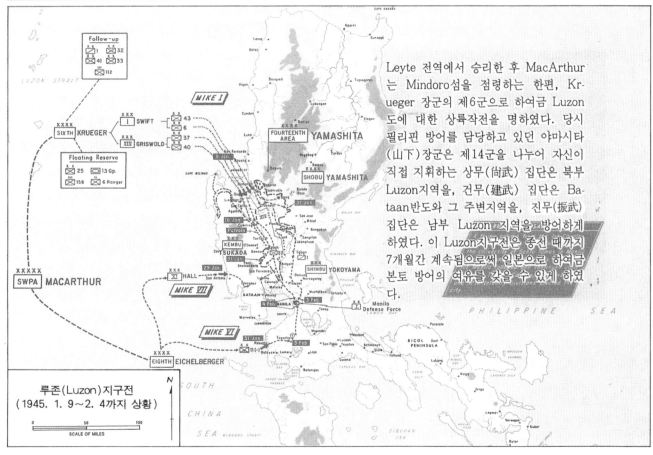

Leyte 전역에서 승리한 후 MacArthur 는 Mindoro섬을 점령하는 한편, Krueger 장군의 제6군으로 하여금 Luzon 도에 대한 상륙작전을 명하였다. 당시 필리핀 방어를 담당하고 있던 야마시타 (山下)장군은 제14군을 나누어 자신이 직접 지휘하는 상무(尙武) 집단은 북부 Luzon지역을, 건무(建武) 집단은 Bataan반도와 그 주변지역을, 진무(振武) 집단은 남부 Luzon 지역을 방어하게 하였다. 이 Luzon지구전은 종전 때까지 7개월간 계속됨으로써 일본으로 하여금 본토 방어의 여유를 갖을 수 있게 하였 다.

루존(Luzon)지구전
(1945. 1. 9~2. 4까지 상황)

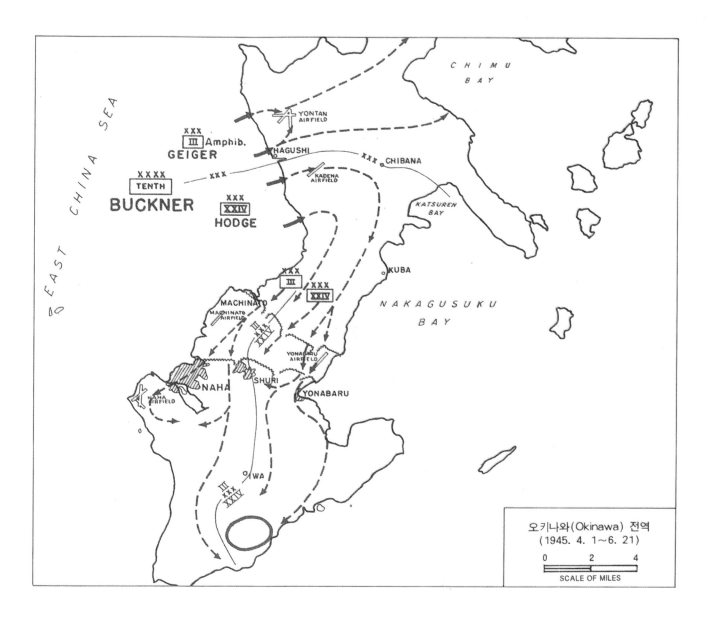

오키나와(Okinawa) 전역
(1945. 4. 1~6. 21)

Luzon지구전이 계속되고 있는 가운데 일본 본도를 향해 접근하고 있던 Nimitz군은 1945년 3월 유황도(Iwo Zima)를 점령한 후 일본 본토 공격을 위한 기지를 확보하기 위해 Okinawa 점령계획을 세웠다. 상륙군으로는 Buckner 중장의 제10군이 선정되고 해상 및 항공지원은 제5함대 항모세력이 담당하였다.

Okinawa전역 : 1945. 4. 1~6. 21

Okinawa 중부지역의 평지로 1945 4월 1일 상륙작전을 개시한 제10군은 거의 저항을 받지 않고 당일로 Yontan 및 Kaneda 비행장을 점령하였다. Okinawa의 방어를 책임지고 있던 우시지마 (牛島) 중장의 일 제32군은 남부의 높은 고지대에 강력한 방어선을 구축하여 결사적인 저항을 하였으나 미 제10군은 강력한 항공 및 해상지원하에 Machinato 요새선과 Shuri 요새선을 돌파하고 Naha를 점령하였다. 일본 패잔병의 마지막 저항은 6월 21일에 종식되었다.

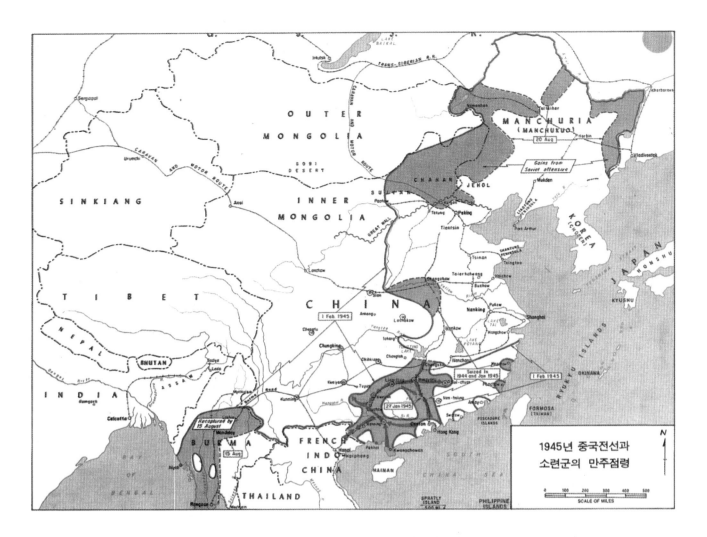

1945년 중국전선과
소련군의 만주점령

중국전선의 일반상황

1944년 일본군은 중국 동부 해안 및 평야지대를 대부분 점령하고 있었으나 농촌지역에서는 게릴라 활동이 끊이지 않고 계속되었다. 1943년말 일본군은 중국전선에 25개 사단, 11개 독립여단, 전차 1개 사단을 포함 총 100만의 병력을 유지하였으나 중국의 게릴라전에 직면하여 점령지의 도시와 도로망을 장악하는데 많은 병력을 투입해야 했고 점

령은 점령지의 완전한 통제에는 이르지 못한 불완전한 것이었다.
1944년 후반부터 1945년에 걸쳐 이러한 상황을 타개하고자 경한, 상규, 오한의 각 철도를 연결시키고 미군기의 발진 기지인 계림, 유주 등을 점령하고자 대륙 연결작전을 시도하였다. 일시 이 작전은 성공적이어서 일본군은 계획된 선까지 진출하였지만, 이것도 보급과 그

후의 확보를 무시한 작전으로 남방과의 육상교통로 개설, 미군 항공기지의 파괴, 어느 것에서도 결정적 성과를 올리지 못한 것이었다. 1945년 봄부터 일본의 중국 파견군은 미군의 상륙과 소련의 참전에 대비해 전선을 축소시키고자 해안을 향하여 이동 중에 패전을 맞았다.

소련군의 참전과 만주작전

1945년 8월 8일 소련은 일본에 선전포고를 하였다. 소련군은 만주지역의 지리적 상황과 자군의 우세한 기갑능력을 고려하여 아무르강 선에서 제36군과 제2군이 양익 포위하여 포위망의 내환을 형성하고 내몽고에서 진출하는 트란스

바이칼전선(Front)의 주력과 연해주에서 진출한 제1극동전선(Front)이 하얼삔과 길림을 양익포위하므로써 거대한 포위망의 외환을 형성한다는 이중 양익포위의 작전계획을 수립하였다. 소련군은 8월 9일 작전을 개시, 압도적인 기

갑과 항공 지원의 우위를 바탕으로 이미 중국전선에의 증원때문에 약화된 관동군을 격멸하면서 급속히 남진하였고 1945년 8월 15일 이후에는 관동군 무장해제 작전에 들어갔다.

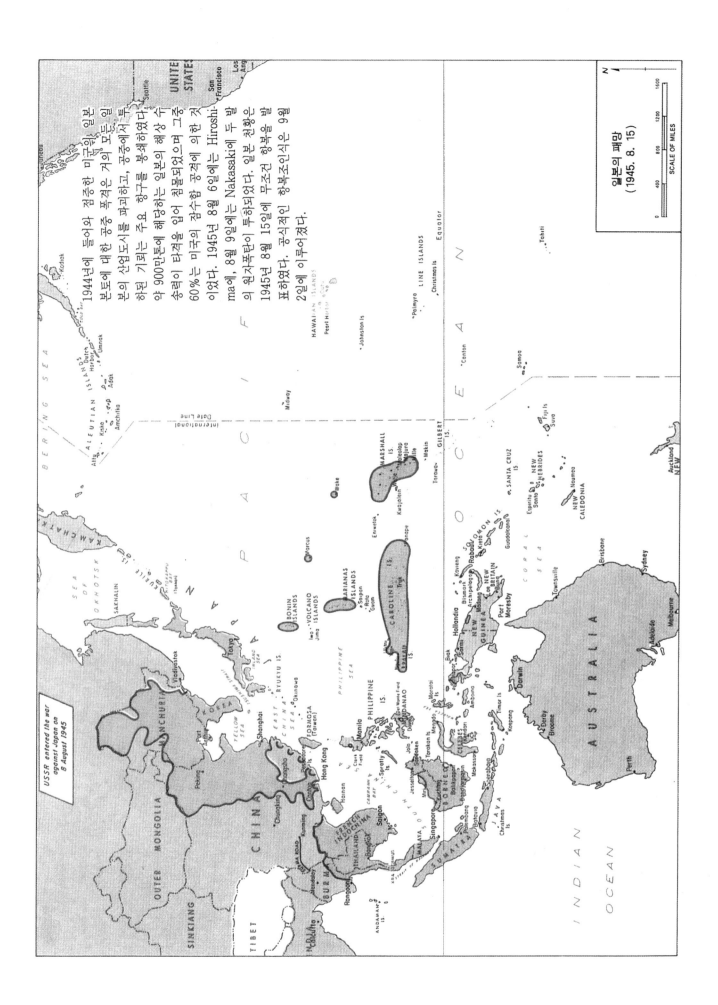

1944년에 들어와 점증한 미국의 일본 본토에 대한 공중 폭격은 거의 모든 일본의 산업도시를 파괴하고, 공중에서 투하된 기뢰는 주요 항구를 봉쇄하였다. 약 900만톤에 해당하는 일본의 해상 수송력이 타격을 입어 침몰되었으며 그중 60%는 미국의 잠수함 공격에 의한 것이었다. 1945년 8월 6일에는 Hiroshima에, 8월 9일에는 Nakasaki에 두 발의 원자폭탄이 투하되었다. 일본 천황은 1945년 8월 15일에 무조건 항복을 발표하였다. 공식적인 항복조인식은 9월 2일에 이루어졌다.

일본의 패망
(1945. 8. 15)

SCALE OF MILES

USSR entered the war against Japan on 8 August 1945

현대전쟁

- 베트남전쟁
- 이스라엘 독립전쟁
- 시나이-수에즈 전쟁
- 6일 전쟁
- 10월 전쟁
- 포클랜드 전쟁
- 이란-이라크 전쟁
- 걸프전쟁
- 이라크 전쟁

베트남전쟁(Ⅰ) : 디엔 비엔 푸(Dien Bien Phu)전투

프랑스군의 계획

프랑스군 총사령관 Navarre 장군은 베트민군을 유인한 후, 포위 및 화력으로 섬멸하고자 적진 깊숙이 Dien Bien Phu에 대규모 병력을 투입하였다.

전투력 비교

1. 프랑스군
   - 병력 — Castrie 준장 휘하 18개 대대 15,000명
   - 화력 — 105밀리 24문, 155밀리 4문
2. 베트민군 : 104,500명(전투원 49,500 비전투원 55,000)

경과

- 1953년 11월 20일, 프랑스군은 Dien Bien Phu에 투입되기 시작
- 1954년 3월 13일, 베트민군이 역포위망 형성
- 1954년 5월 6일~7일, 베트민군의 최종 공격으로 프랑스군 항복

결과

- 프랑스군 : 전사 5천, 포로 만여명, 73명만 탈출
- 베트민군 : 25,000여명 손실
- 제네바 회의(1954. 4. 26~7. 21) 결과, 북위 17° 선을 경계로 남북 분단
- 프랑스의 개입이 실질적으로 종식

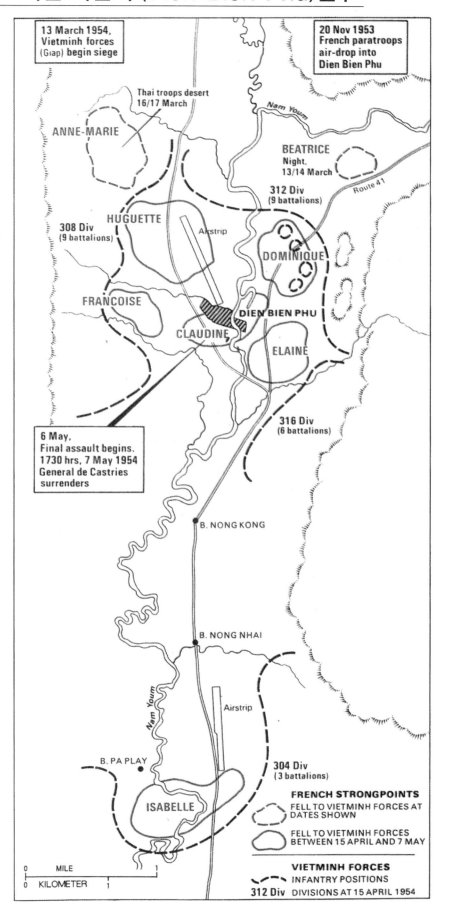

베트남전쟁(II) : 구정 공세(The Tet Offensive)

개요

월맹은 정전전략의 일환으로 약 100,000여명의 게릴라를 베트남에 투입하여 전국의 주요 도시에서 1968년 구정을 기하여 동시다발적으로 공세를 취하였다. 월맹의 공세는 평균적으로 2주 정도 지속되었으며, 4주가 지나서 제압되기도 하였다.

결과

월맹은 포로 6,000여명을 포함하여 43,000여명의 대규모 병력손실을 입었으나, 지금까지 낙관적이던 미국의 존슨 행정부에 커다란 충격을 주었으며, 이후의 전쟁은 '베트남화'되어 갔다.
(월맹의 군사적 패배, 정치적 승리)

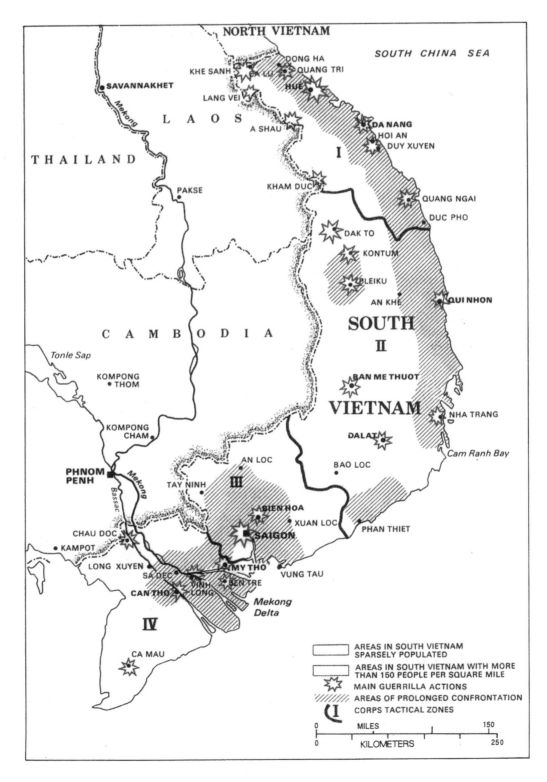

베트남전쟁(Ⅲ) : 월맹의 최종공세

경과

· 1969년 : 미국은 베트남 전쟁의 '베트남
  화 정책' 결정—미국의 철수 시작
· 1973년 1월 : 미군의 완전철수 및 휴
  전조약 성립(파리회의)
· 1974년 12월 : 월맹군 최종공세 시작.
  Ho Chi Minh 통로를 이용한 월맹군은
  국경의 산악지대로 부터 해안의 저지대

를 향해 전면적인 공격실시
· 1975년 4월 30일 : 베트남 항복

Ho Chi Minh Trail

월맹이 월남에서 활동 중인 월맹정규
군과 베트콩을 지원하기 위해 이용한

국경선 부근의 보급로(부도 참조). 미국
은 Ho Chi Minh Trail을 차단하기 위한
작전을 수차례에 걸쳐 실시하였으나
실패하였다.

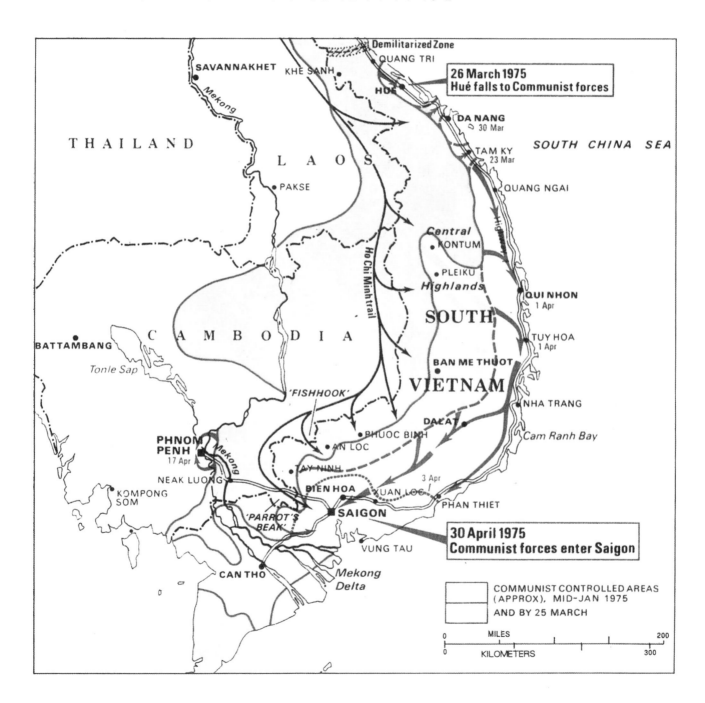

이스라엘 독립전쟁

개요
- 1948년 5월 14일, 이스라엘 건국
- 1948년 5월 15일, 팔레스타인 지역에서 유태국가 탄생을 반대한 아랍연맹(7개국)이 이스라엘에 대한 공격 개시
- 병력 : 이스라엘 – 2만명, 아랍측 – 3만 5천명

이스라엘의 군사력 강화와 아랍군의 문제점
- 이스라엘 : 전쟁 중 각종 군사조직을 통합하여 육·해·공군을 창설하였으며, 개전시 2만명의 병력이 동년 10월에 9만명으로 증가되었다. 동시에 참모총장 Yadin에 의해 우회, 기습, 측면포위의 작전개념이 발전되었다.
- 아랍측 : 유기적이고 조직적인 협조체제가 결여된 상태에서 나태한 전의를 가지고 전쟁에 임했던 아랍군은 전쟁 중에 상호불신과 이해가 상충되면서 효과적인 작전을 구사할 수 없었다.

경과
- 6월 11일 UN의 중재로 1차 휴전
- 7월 8일 – 17일 이스라엘의 반격
- 7월 18일 2차휴전
- 10월 15일 이스라엘군 공세
- 1949년 2월 24일 종전

결과
- 이스라엘은 오히려 5,900km²의 영토를 추가획득
- 이집트는 가자지구를, 요르단은 West Bank 지역을 획득하였으나, 팔레스타인인들이 분할되고 난민이 발생하여 아랍측의 커다란 부담으로 등장하였다.

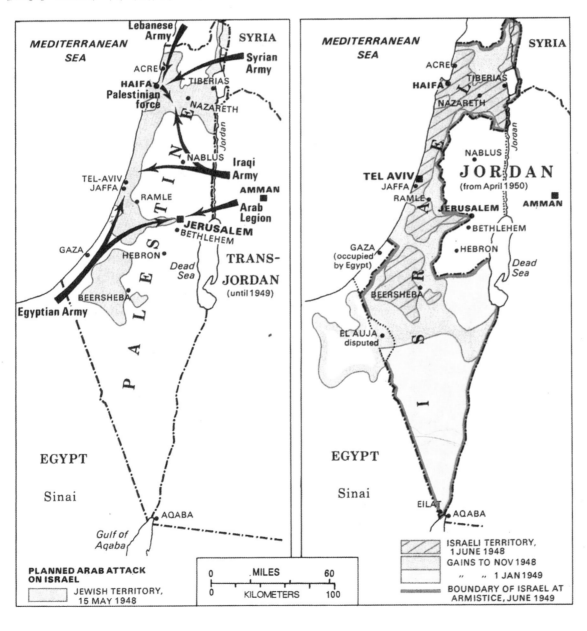

시나이—수에즈 전쟁(Ⅰ)

개요

1. 배경 : 이집트 Nasser의 강경정책
   - 1955년 9월 : Aqaba만 봉쇄—이
     스라엘의 Eilat항 고립
   - 1956년 7월 : 수에즈 운하 국유화
     선언
   - 1956년 10월 : 이집트, 시리아, 요
     르단 3국군대 연합지휘체계 형성
2. 양측의 군사력
   - 병력 : 이집트—정규군 10만, 예비

군 10만
이스라엘—정규군 5만5천, 예비군
10만, 민방위 10만
   - 전차 : 이집트—430대, 이스라엘—
     400대
   - 항공기 : 이집트—400대, 이스라엘
     —200대
3. 경과
   - 1956년 10월 29일 : 이스라엘군

시나이 반도 공격 개시
   - 1956년 10월 31일—11월 4일 :
     영·불 공군 이집트 공격
   - 1956년 11월 6일 : 휴전 성립
4. 결과
   - 이스라엘의 정치적 실패, 군사적
     승리
   - 영·불의 개입으로 안한 전쟁의 성
     격 변화(예방전쟁→침략전쟁)

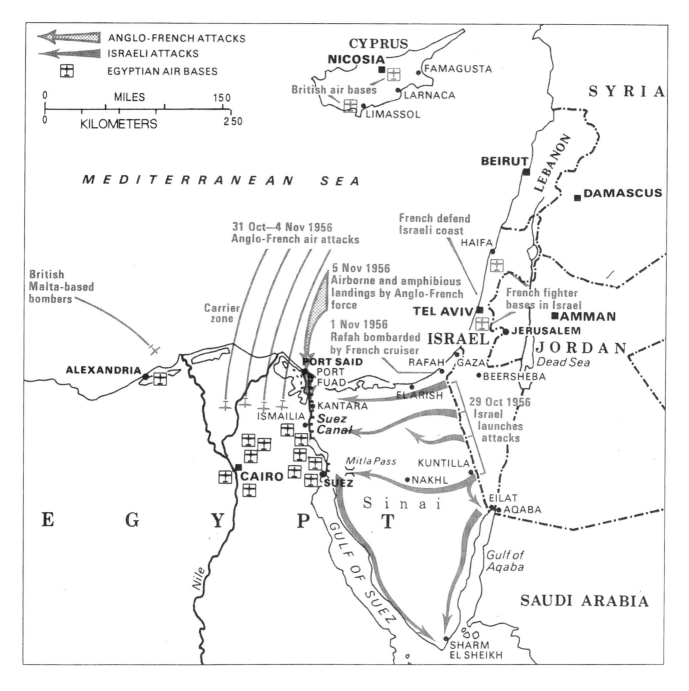

147

시나이-수에즈 전쟁(II)

이스라엘군 지상작전

1. 이스라엘의 작전개념 : 속전속결 개념
   - 對 시리아·요르단 : 전략적 수세, 對 이집트-가용병력 집중
   - '우회포위' 전술 채택 : 공수→우회 전진→돌파 순서로 전개
   - 기습달성 강조
2. 이스라엘의 작전계획
   - 제1단계 : 10. 29-10. 30
     제202 공수여단에 의한 Mitla 통로 확보(Mitla 통로에 공수부대 투하 포함)
   - 제2단계 : 10. 30-10. 31
     - Quseima 점령→공격작전 준비
     - Naqb에서 Sharm El Sheikh로 전진
     - 對 요르단, 시리아 : 방어준비
   - 제3단계 : 10. 31부터
     - 수에즈 운하 동방 10마일 이내의 Sinai반도 완전 점령
3. 시나이 지역에 투입된 양측의 지상 전투력 비교
   - 이집트 : 시나이, 가자 지구-2개 보병사단, 수에즈 운하 동안-1개 기갑여단, 수에즈 운하 서안(예비대)-2개 보병사단, 1개 보병여단
   - 이스라엘 : 1개 공수여단, 5개 보병여단, 3개 기갑여단
4. 경과 및 결과 : 이집트의 저항이 강력하지 않았기 때문에 이스라엘은 작전계획에 맞추어 공격해 갈 수 있었으며 11월 4일에는(이스라엘이 조건부 휴전에 동의한 날) 대부분의 시나이 반도를 점령하였다.

＊당시 이스라엘의 국민 총동원체제
   14-18세 : 군사 기초 훈련
   19-21세 : 현역-예비군이 동원될 때까지 시간 확보
   22-45세 : 예비역-전투의 주력
   46-54세 : 민방위 부대-치안, 전투 보조

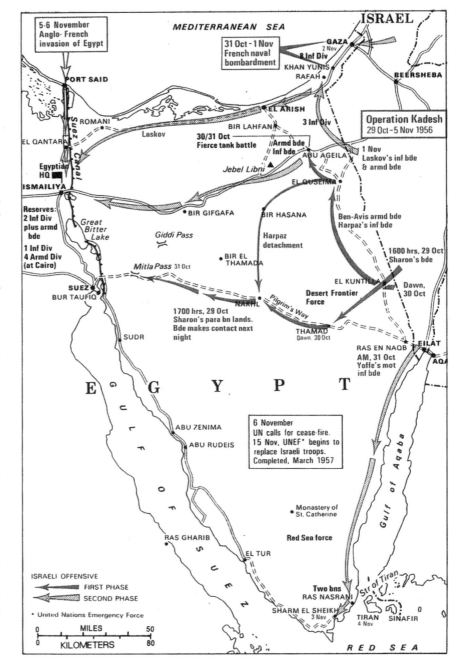

6일 전쟁 (I)

개요

1. 양측의 전략개념 및 작전계획

- 전략개념 : 아랍－수세적 공격, 이스라엘－선제공격에 의한 속전속결
- 작전계획
  - 아 랍 : 이스라엘의 공격력을 흡수한 뒤, 이스라엘의 제공권을 장악하고 3면 공세로 이스라엘 점령
  - 이스라엘 : 제공권 장악과 동시에 先 이집트, 後 시리아 및 요르단

2. 양측의 군사력

- 병력 : 아랍 43만, 이스라엘 27만 (정규군 7만, 예비군 20만)
- 전 차 : 아랍 2,500여대, 이스라엘 800여대
- 항공기 : 아랍 1,060여대, 이스라엘 500여대

이스라엘의 공군 작전
(1967년 6월 5일 - 6월 10일)

1. 작전계획

- 제1단계 : 시나이반도, 수에즈운하, 카이로 지역에 위치한 이집트 공군기지 무력화
- 제2단계 : 기타 이집트, 요르단, 시리아, 이라크, 레바논 공군기지 무력화
- 제3단계 : 공군력을 해상 및 지상작전에 집중운용

2. 경과

- 6. 5 : 아랍측 410여대의 항공기 상실→제공권 상실
- 6. 6－6. 10 : 아랍측 470여대 항공기 상실
- 이스라엘측
  - 6. 5 : 19대 상실
  - 6. 6－6. 10 : 6대 상실

3. 결과

- 이스라엘측의 기습(방향, 시간) 달성으로 개전 초기부터 제공권 완전장악
- 이스라엘은 지상작전에 대한 효과적인 공중지원 실시

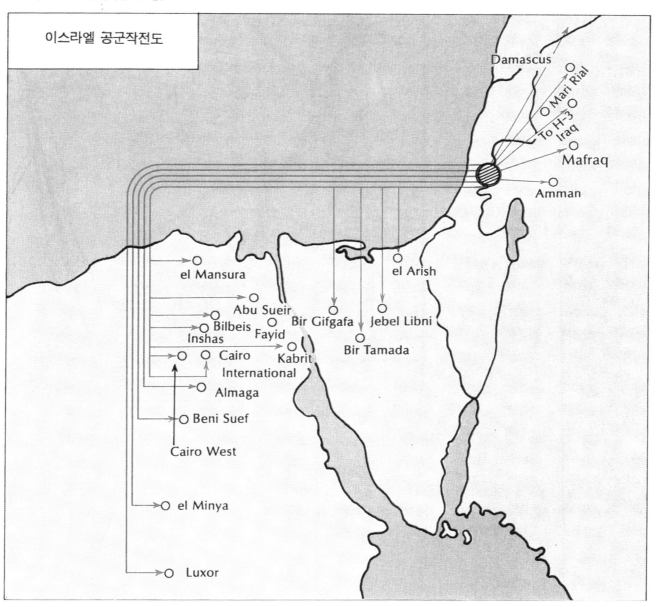

이스라엘 공군작전도

6일 전쟁(II)

시나이 전역 (1967년 6월 5일 – 6월 8일)

1. 양측의 작전계획 및 부대배치

- 이집트 : 수세공격 개념 – 이스라엘의 주공이 북부 및 중부지역에 집중되리라 예상하고 이곳에 3선의 종심방어진지를 강력하게 구축하여 5개 사단을 배치하고, 이곳에서 이스라엘의 공격력을 흡수한 뒤 남쪽의 2개 사단과 함께 반격을 실시하여 이스라엘군을 격멸
- 이스라엘 : 돌파 및 포위 – 증강된 1개 여단규모의 병력으로 남부의 이집트 2개 사단을 견제하고, 3개 사단을 북부와 중부에 집중시켜 돌파한 뒤 이집트군을 포위 섬멸. 제 1단계는 제1방어선 돌파단계, 제2단계는 추격 및 포위작전, 제3단계는 잔적소탕 및 종결작전

2. 군사력

- 병력 : 이집트 – 7개 사단 (2개 기갑사단 포함) 12만명
  이스라엘 – 3개 사단과 1개 독립여단의 6만 5천명
- 전차 : 이집트 – 900~1,000대, 이스라엘 – 650대

3. 경과

- 6월 5일 : 제1단계 작전 완료 – 종심 30~40km의 돌파 성공
- 6월 6일 : 제2방어선 돌파
- 6월 7일 : 추격작전(제2단계 작전) 완료, Sharm El Sheikh 점령 (공수작전)
- 6월 8일 : 수에즈 운하 도달 – 퇴로 차단 및 포위망 형성
  Nasser, UN의 휴전요구 수락 – 전투행위 일단 종결

4. 결과 및 교훈

	전사	부상	포로	전차손실
이집트	12,000	25,000	5,500	900대
이스라엘	275	800		61대

이집트는 그들의 반격계획과 이스라엘의 기만으로 인해 남측의 2개사단이 완전히 고착되어 북부 및 중부에서 돌파당하는 순간에도 병력 전환이 없었다.

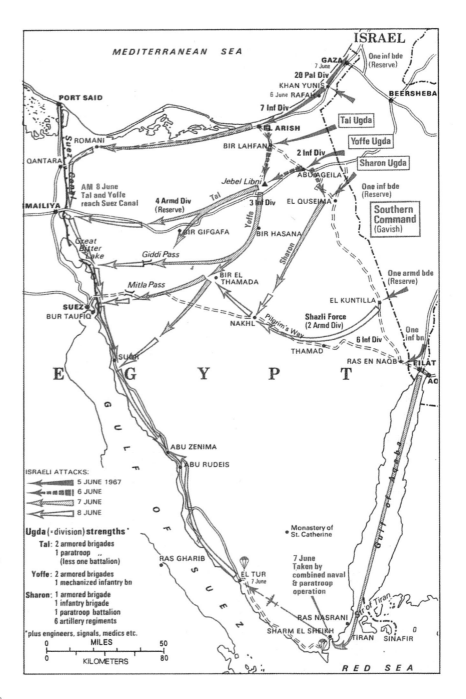

＊Ugda : 이스라엘의 사단급 편제
이스라엘 육군의 기본편제는 여단이나, 필요시 이들을 통합하여 Ugda를 편성

6일 전쟁(III)

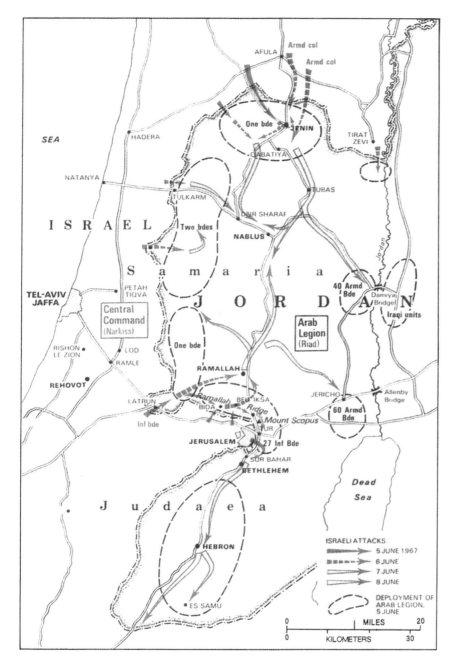

요르단 방면(1967년 6월 5일 ─ 6월 8일)

1. 양측의 작전계획
 • 요르단 : 국경을 방어하면서 반격해 오는 이집트군과 연결한 뒤 이스라엘에 대한 총 공세 실시
 • 이스라엘 : 수세적 공격─시나이 반도에 병력을 집중 투입했기 때문에 對이집트 작전이 종료될 때까지 요르단군을 고착견제. 요르단군이 공격시 즉각적인 반격 실시

2. 양측의 군사력
 • 병력 : 요르단─10개 여단(2개 기갑여단 포함)
 이스라엘─9개 여단(3개 기갑여단)과 민방위 부대
 • 전차 : 요르단─300대, 이스라엘─350대
 • 공군력 : 요르단 전무(이집트가 제공키로 계획)

3. 경과
 • 6월 5일 08 : 30, 요르단군 공격개시
 • 6월 5일, 이스라엘 즉각 반격실시
 • 6월 6일, 요르단 제1선 방어선 돌파
 • 6월 7일, 제1선 부대의 퇴로차단 및 포위, 요르단군 기갑여단(예비대) 공격
 • 6월 8일, 남부 Hebron 일대의 작전 소탕, 전쟁 종료

4. 결과
단 4일간의 전투로 West Bank 지역을 완전히 점령. 예루살렘의 확보. 이스라엘 중심부에 대한 위협제거

6일 전쟁(Ⅳ)

골란 고원 방면(1967년 6월 9일 ─6월 10일)

1. 양측의 작전계획
   - 시리아 : 이집트와 요르단의 전투 진행결과를 보면서 참전여부 결정. 골란 고원을 3선의 종심방어를 실시할 수 있도록 강력한 진지를 구축(Maginot선에 비유)
   - 이스라엘 : 1개 지점 통과 후 대규모 우회포위 기동을 실시하여 골란 고원만을 점령(목표의 제한)

2. 양측의 군사력
   - 병력 : 시리아─7개 여단, 이스라엘─7개 여단
   - 전차 : 시리아─250대, 이스라엘─1개 기갑여단과 2개 기갑대대
   - 공군력 : 이스라엘 제공권 장악

3. 경과 및 결과
   - 6월 9일 : Baniyas로 부터 돌파 시작하여 제1방어선 돌파
   - 6월 10일 : Quneitra(또는 Kuneitra), Rafid 점령, 휴전 성립

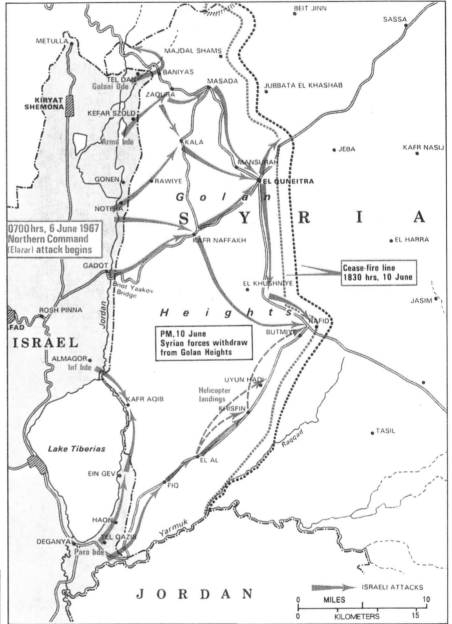

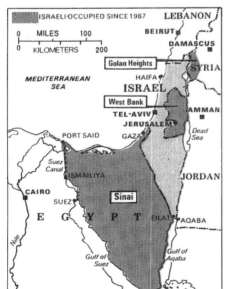

6일 전쟁 총평 : 이스라엘의 군사적, 정치적 승리

1. 정치적 승리
   - 개전 전보다 3.5배 영토 획득
   - 예루살렘의 완전한 확보
   - 아랍 연합 세력의 무력화
2. 군사적 승리
   - 기습달성
   - 정확한 정보의 획득
   - 초기의 제공권 장악
   - 지상작전을 돌파→우회→포위의 순서로 실시(기동력 중시)
   - 각개 병사의 강인한 의지력

10월 전쟁(I)

개요

1. 양측의 전략개념
   - 이스라엘 : 수세반격 개념 — 상대국에 제1의 공격권 허용, 적의 공격을 저지 후 예비군을 동원하여 반격
   - 이집트 : 소모전 및 장기전 강요, 양면작전 실시, 기습달성과 선제공격→피점령지 수복

2. 양측의 군사력
   - 병력 : 이집트 32만, 시리아 10만, 이스라엘 27만 4천
   - 전차 : 이집트 1,955대, 시리아 1,270대, 이스라엘 1,700대
   - 공군력 : 이집트 620대, 시리아 330대, 이라크와 요르단 400대, 이스라엘 517대 및 ECM 등 전자전 장비
   - 포병 : 이집트 1,500문, 시리아 800문, 이스라엘 1,250문

수에즈 방면 : 이집트의 공세 (1973년 10월 6일 – 10월 9일)

1. 양측의 작전계획
   - 이집트 : 기습에 의한 전면공세, 장기전 강요
   - 이스라엘 : 수세반격(선 시리아, 후 이집트의 작전개념으로 이집트의 공격을 최대한 지연)

2. 양측의 군사력
   - 이집트 : 5개 보병사단, 2개 기계화사단, 2개 기갑사단, 1개 해병여단, 2개 공수여단, 150개의 SAM 포대, 전차 1,500대 집중배치
   - 이스라엘 : 4개 여단, 전차 280대

3. 경과
   - 10. 6 14 : 00 이집트 공격개시, 고속정을 이용하여 수에즈 운하 도하, 고압 물펌프를 이용하여 Barlev 방벽에 통로개척
   - 10. 6 – 8 이스라엘은 야간부터 700여대의 기갑 예비대를 투입하여 반격을 개시하였으며, 이때 이집트의 SS – 7과 RPG – 7과 같은 보병용 대전차 무기에 의한 피해가 극심
   - 10. 9 이집트는 10~13km 종심의 교두보 확보. 이후 10. 16 이스라엘이 시리아 전선에서 병력을 전환할 때 까지 전선 안정

* Barlev 방어선 : 이스라엘이 수에즈 운하 동안에 모래방벽을 쌓고 총 26개의 콘크리트 요새 구축

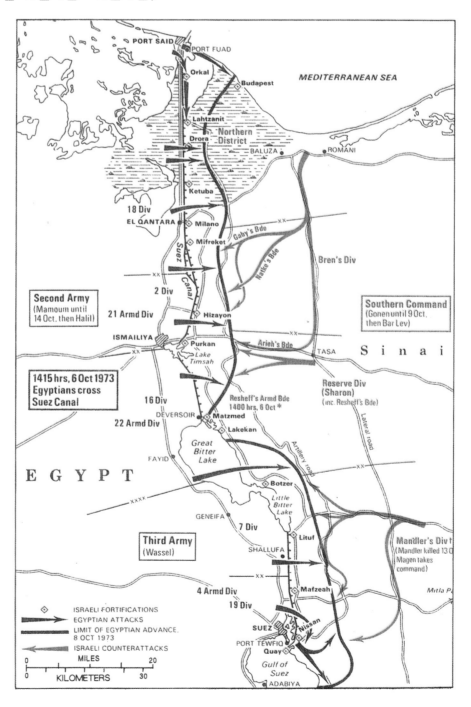

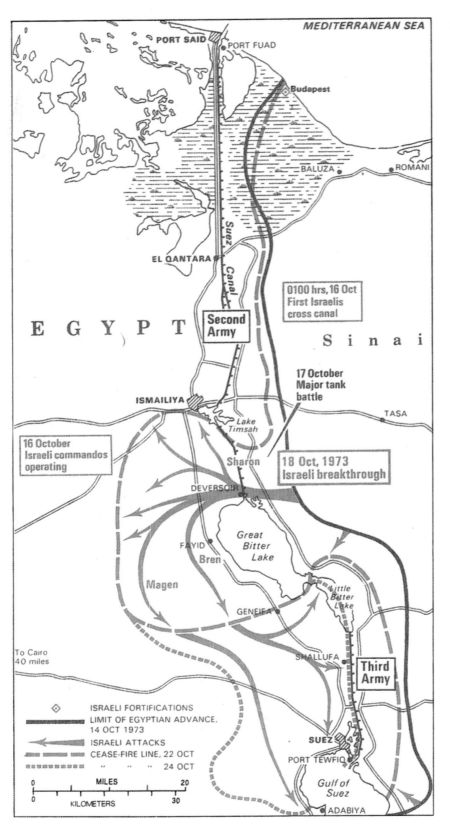

수에즈 방면 : 이스라엘의 반격
(1973년 10월 15일 ─ 10월 22일)

1. 이스라엘의 작전계획
   · 이집트군 2군과 3군의 전투 지경
   선을 돌파하여 수에즈운하를 통과
   한 뒤 3군을 우회기동하여 포위 격
   멸
   · 특수임무 기갑부대(Sasoon 준장)
   로 하여금 수에즈 운하 북쪽과 남
   쪽에서 견제공격 실시(양동작전)
   · Sharon 사단이 돌파 실시(Great
   Bitter Lake 북단)
2. 전투경과
   · 10. 15 이스라엘은 3개 기갑여단
   을 골란 고원에서 시나이 반도로
   이동 완료
   · 10. 16 01 : 00 이스라엘 공격개
   시. 주공 부대는 3개 기갑여단, 2
   개 기계화여단으로 구성된 Sharon
   사단 담당
   · 10. 18 이스라엘군은 돌파에 성공
   하고 교두보 확보
   · 10. 22 Suez시까지 진출하여 Suez
   운하 동안에 배치되었던 이집트 제
   3군은 완전히 고립.
   소련은 이집트를 대신하여 휴전요
   구
   · 10. 24 UN 안보리 휴전요구에 양
   군이 수락
3. 결과 및 교훈
   · 초기작전에서 기만과 기습으로 커
   다란 성공을 거둔 이집트는 Suez
   운하 동안에 교두보를 확보한 상태
   에서 자신들의 잇점을 최대한 살리
   지 못하고 주도권을 이스라엘에 양
   보
   · 이스라엘은 내선의 잇점을 살려 선
   시리아, 후 이집트의 전략으로 아
   랍세력을 격퇴
   · 이집트는 Sharon 사단이 돌팔할
   때와 돌파성공 후에 적절히 대응하
   지 못해 이집트 제3군은 수에즈 동
   안에서 약 1주일 동안 고립 차단
   당함

10월 전쟁(III)

골란고원 방면 : 시리아의 공세
(1973년 10월 6일 - 10월 7일)

1. 양측의 작전계획

가. 시리아
- 우회기동을 통한 포위실시(이스라엘의 방어가 약한 Quneitra 남부를 주공 선정)
- 기습달성
- 제1단계 : 돌파구 형성(10. 6 24 : 00까지)
- 제2단계 : 제2일차까지 Bnot Yaakov교량을 점령한 뒤 골란고원을 점령
- 제3단계 : 재편성 및 이스라엘의 반격 대비

나. 이스라엘
- 수세공격 개념
- 3선 방어 진지 편성
- Quneitra와 그 북쪽의 방어에 중시

2. 전투력 비교
- 이스라엘 : 개전 초기 2개 보병여단이 방어 실시
- 시리아 : 3개 보병사단, 2개 기갑사단, 3개 독립기갑여단, 각종 포 600문 이상, 전차 1,500여대 투입

3. 전투 경과
- 10. 6 14 : 00, 시리아 공격 개시
- 10. 7 여명, 시리아군은 남부 이스라엘군을 격파하고 El Al 부근 - Bnot Yaakov교량 부근 - Naffakh - Quneitra를 잇는 선까지 전진
- 10. 7 오전, 이스라엘은 4개 여단으로 구성된 Raner 사단을 남부에 투입(보병여단 1, 기갑여단 2, 전차여단 1)
- 10. 8 시리아의 최종공격을 저지

4. 평가

초기전투에서 기습을 달성한 시리아군은 Quneitra 남부의 이스라엘군 방어력을 무력화시켰으나 Bnot Yaakov 교량 및 Naffakh의 점령을 고집함으로써 남부의 El Al로 부터 Tiberias 호수 남단으로 통하는 개방된 기동로를 전혀 활용하지 못하고 오히려 Quneitra, Naffakh 등에서 이스라엘의 성공적인 방어로 전세가 역전되었다.

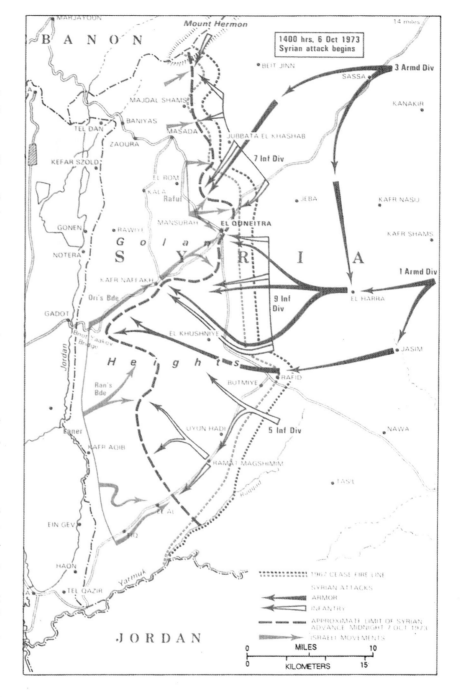

10월 전쟁(Ⅳ)

골란고원 방면 : 이스라엘의 반격
(1973년 10월 8일 - 10월 22일)

1. 중부와 남부에서의 반격
   가. 투입부대
      • 중부 : Laner 사단(1개 보병여단, 2개 기갑여단)
      • 남부 : Peled 사단(4개 기갑여단)
   나. 경과
      • 10. 8, 이스라엘군 중 · 남부에서 반격 개시. 이스라엘은 제공권을 장악하고 이를 십분 이용.
      Peled 사단 : 돌파성공 후 진격 개시(17km 정도 전진)
      Laner 사단 : 시리아군의 최종 공세와 충돌하며 진격이 저지
      • 10. 9, Khushinye를 중심으로 강력한 요새진지를 구축하고 있는 시리아군에 대한 포위 격멸을 계획
      • 10. 10, 개전전의 국경선 회복
2. 시리아 영내로의 공격
   가. 작전계획 및 목표
      북부에서 Quneitra-Damascus를 잇는 주 기동로를 따라 공격실시, 남부의 요르단을 자극하지 않으며 시리아군 전투력 분쇄 목적
   나. 경과
      • 10. 11 11 : 00, 공격 개시, 시리아군 제1방어선을 돌파하고 약 20km 진격
      • 10. 12, 시리아군은 Sassa를 중심으로 강력한 방어 실시.
      이스라엘군이 Kanakir를 통해 Sassa를 우회 기도.
      이라크군(1개 기갑사단)이 이스라엘을 우측면에서 반격하였으나 대패(소련을 비롯한 아랍제국의 위협 및 개입이 본격화)
      • 10. 13 - 10. 22, 시리아 및 아랍군의 계속적인 반격을 성공적으로 저지
      • 10. 22, 휴전 성립

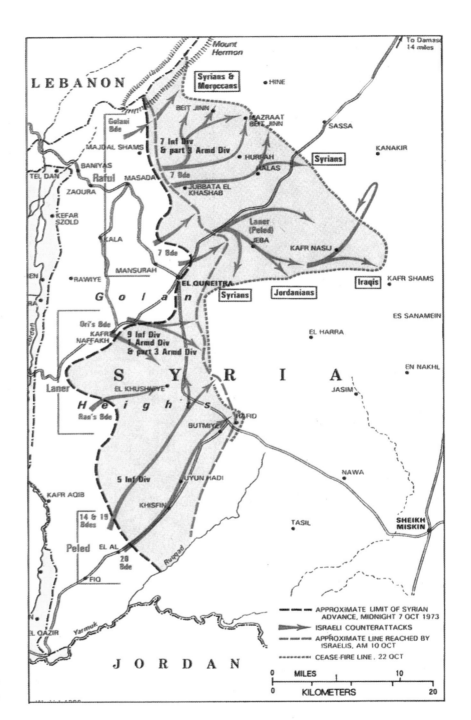

3. 결과
   시 리 아 : 전사 3,500명, 포로 370명, 전차 1,150대 손실
   이 라 크 : 전차 100여대 손실
   요 르 단 : 전차 50대 손실
   이스라엘 : 전사 772명, 부상 2,453명, 포로 65명, 전차 250대 손실

포클랜드 전쟁(I)

전쟁원인

- 영유권 분쟁 : 1892년 영국 식민지로 편입 이후 계속적인 영유권 분쟁
- 포클랜드의 전략적 가치 : 막대한 원유 매장, 남극대륙의 전진기지
- 아르헨티나의 국내문제 : 장기간 군부 독재, 경기침체 및 높은 인플레이션

양국의 투입 군사력

구분	아르헨티나	영 국
해군함정	15	60
항공기	221	99
미사일	208	260
병력	지상군 12,000	2만6천(지상군9천)

제1단계 : 개전 및 발전기 (1982. 4. 2-4. 30)

- 4. 2 : 아르헨티나군은 항모 1척, 유도탄 적재함 3척, 지상군 2,500명을 투입하며 포클랜드 점령(영국 수비대 80명)
- 4. 3 : 아르헨티나군은 South Georgia 점령. UN, EEC, NATO가 아르헨티나를 침략자로 규정
- 4. 5 : 영국 함대 28척(항모 2척 포함) 출항—Ascension섬을 중간 보급기지 및 전략목적 기지로 활용
- 4. 12 : 영국—포클랜드 주변 해안봉쇄 선언
- 4. 18 : 영국—특수 공정대원 300명 포클랜드 상륙(지형파악, 아르헨티나군 병력 소재파악)
- 4. 21-4. 26 : 영국—South Georgia섬 탈환하여 교두보 및 병력집결지 이용
- 4. 25 : 영국 헬기가 아르헨티나 잠수함 격침
- 4. 28 : OAS—아르헨티나 지지 선언
- 4. 30 : 미국—영국 지지 선언

5-6 April
British Task Force (J.F. Woodward) sails. Aircraft carriers Invincible and Hermes, assault ship Fearless plus 9 frigates and destroyers and other support ships

BRITAIN
LONDON
PORTSMOUTH

NEW YORK
WASHINGTON

NORTH ATLANTIC OCEAN

GIBRALTAR

7 frigates and destroyers join Task Force from Gibraltar

BRAZIL

PARAGUAY

CHILE
URUGUAY

ARGENTINA

ASCENSION
Task Force base

SOUTH ATLANTIC OCEAN

FALKLAND IS.

SOUTH GEORGIA

SOUTH SANDWICH IS.

2 April 1982
Argentina invades Falkland Islands and 3 April, invades South Georgia

포클랜드 전쟁(II)

제2단계 : 제공, 제해권 쟁탈기
(1982. 5. 1-5. 19)

- 5. 1 : 영국-포트 스탠리 비행장 폭격
- 5. 2 : 영국 잠수함-아르헨티나 순양함 벨그라노호 격침
- 5. 4 : 아르헨티나 공군기-영국 구축함 쉐필드호 격침(Exocet 미사일)
- 5. 10 : 영국 공군-아르헨티나 첩보수집함 Narwal호 격침
- 5. 14 : 영국-Pebble섬 함포사격과 특수 공정대(48명) 투입(포클랜드 상륙작전시 배후의 위협 배제)
- 이후 영국은 이 지역에서 제공권 및 제해권 장악

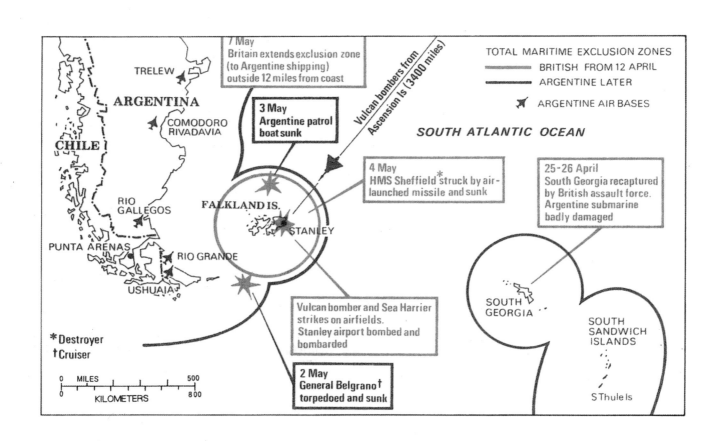

포클랜드 전쟁(III)

제3단계 : 상륙 및 탈환 작전기

1. 상륙작전
- 5. 20 : 영국군은 산 카를로스에 상륙(40척의 함대, 4,500명의 병력)
- 5. 27 : 영국군 교두보 확보
  이 기간에 아르헨티나 지상군의 즉각적인 반격이 없어서 영국군의 상륙작전이 용이. 아르헨티나 공군의 공습으로 4척의 영국 전함이 격침되었으나, 아르헨티나도 60여대의 공군기가 격추됨.

2. 내륙으로의 진격
가. 영국군은 두개의 축선을 따라 포트스탠리로 접근하는 지상작전 전개
- 북쪽 축선 : San Carlos—Douglas—Kent산—Port Stanley
- 남쪽 축선 : Darwin, Goose Green—Fitzroy—Port Stanley

나. Darwin, Goose Green전투
- 목적 : 북쪽 축선의 측면 및 배후 위협제거, San Carlos의 안전 확보, 남쪽 축선을 이용한 우회 기동 가능, 비행장 이용 가능
- 투입병력 : 아르헨티나—1개 연대, 영국군—1개 공수대대
- 경과 : 5. 28 공격개시. Darwin 항과 Goose Green항을 우회하여 포위 실시
  5. 29 아르헨티나군 항복

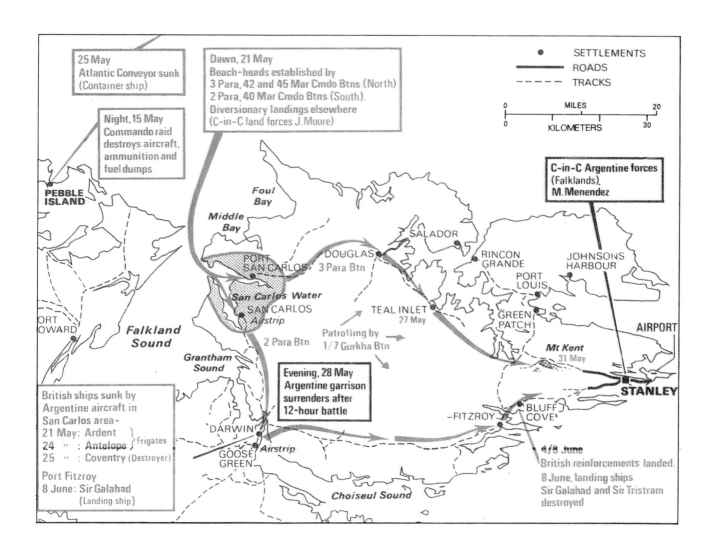

포클랜드 전쟁(Ⅳ)

제4단계 : 최종 공격

1. 작전계획
   - 아르헨티나군 : 산악지형을 중심으로 중심 방어진지를 구축하여 축차적인 방어를 실시하며 영국군의 진격을 최대한 지연
   - 영국군 : 아르헨티나군의 강력한 방어진지를 의식하여 주간에는 화력으로, 야간에는 지상 병력으로 공격 계획
     - 제1단계 : Longdon산 — Two Sisters산 — Harriet산 공격 (제3여단)
     - 제2단계 : Wireless 능선 — Tumbledown 산 — William 산 공격(증원예정인 5여단)
     - 제3단계 : Port Stanley 공격 (3, 5여단)

2. 전투경과
   - 5. 31 : 영국군 Kent산 점령
   - 6. 4 — 6. 3 : 영국 제5여단(3,000여명) Fitzroy와 Bluff Cove에 상륙
   - 6. 11 — 6. 12 : 영국 제3여단 Longdon, Two Sisters, Harriet 산 점령
   - 6. 13 — 6. 14 : 영국 제5여단이 제3여단을 초월공격, Tumbledown, Wireless 능선 점령. 특히 Tumbledown 산은 Port Stanley에 이르는 2개의 기동로를 감제할 수 있고, Stanley 항으로 부터 7km 거리에 있기 때문에 양측이 필히 확보해야 하는 지형
   - 6. 14 09 : 00 아르헨티나군 항복

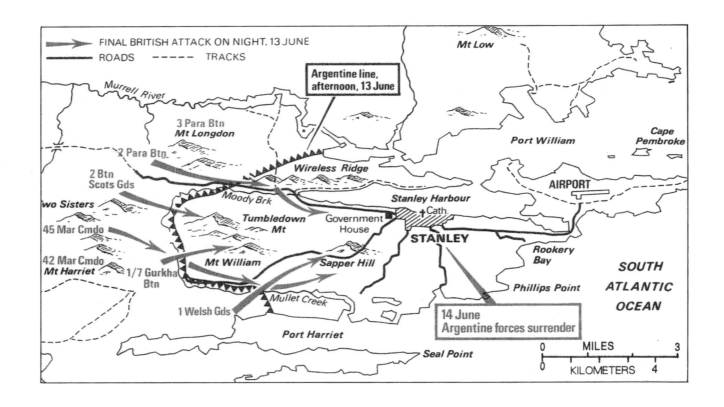

이란 — 이라크 전쟁(I)

이라크의 전략 : 제한전쟁전략
 (limited war strategy)

- 제한된 목표 달성을 위해 제한된 무
 력수단을 사용
- 영토목표 : 샤트 알 아랍 수로와 후제
 스탄 지역의 일부
- 병력사용 : 이라크 육군의 약 절반인
 5개 사단을 투입

전쟁의 경과

- 제1단계(1980년 9월—1980년 12
 월) : 이라크 침공기
- 제2단계(1981년 1월—1981년 8
 월) : 이란의 반격 실패기
- 제3단계(1981년 9월—1982년 6
 월) : 이란의 실지 회복기
- 제4단계(1982년 7월—1983년 1
 월) : 이란의 이라크 침공기
- 제5단계(1983년 2월—1985년 3
 월) : 이란의 장기적인 소모전 실시기
- 제6단계(1985년 4월—1987년 4
 월) : 이라크 남부 Faw반도 지역에
 서의 공방전 시기
- 제7단계(1987년 5월—1988년 8월
 20일) : 이라크의 반격 및 종전

이란 - 이라크 전쟁(II) : 호람샤르 및 아바단 공방전

1. 호람샤르 공방전
   - 1980. 9. 28 이라크군 호람샤르 진입, 이란 정규군 2,000여명과 이슬람 혁명수비군 수천명의 저항
   - 10. 24 이라크군 호람샤르 점령 이라크군의 피해 : 전사 2,000명, 부상 6,000명, 장갑차량 100여대
2. 아바단 공방전
   - 지형적으로 아바단은 섬에 위치하고 있으며, 정유시설이 집중되어 있음.

   - 1980. 9. 22 이후 이라크군은 아바단에 대하여 계속적으로 포격 실시
   - 1980. 10. 10 이라크군은 1개 기계화사단을 투입하여 아바단에 대한 포위망 형성 시작. 이란군은 전쟁 발발 이후 아바단 방어태세 강화(정규군 10,000명, 혁명수비군 5,000명, 1개 기계화여단, 1개 기계화대대, 50여대의 전차를 보유한 기갑부대)
   - 이란군은 이라크군이 포위망을 형

   성하지 못한 남부지역을 통해 병참 및 병력지원
   - 이후 3주간의 전투에서(주로 시가전) 이란군의 보병 및 헬리콥터의 공격으로 이라크군은 수 백여대의 전차손실
   - 1980년 11월 이후 교착 상태
   - 1981년 9월 이란의 반격 실시
   - 1982년 5월 이란군은 아바단에 대한 이라크군의 포위망 완전 제거

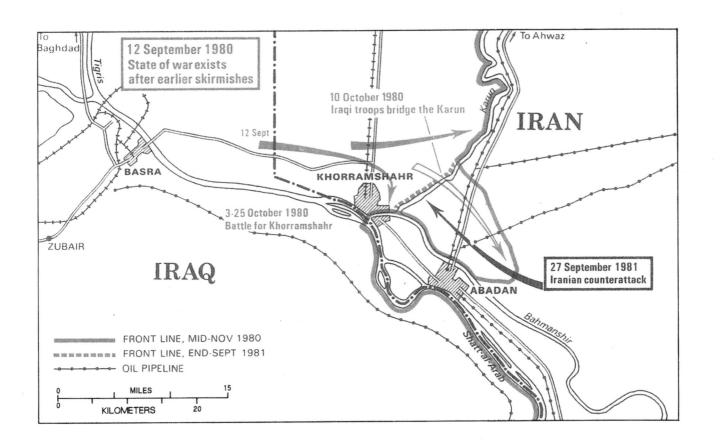

걸프 전쟁(I)

이라크 침공과 사막의 방패작전 (Op. Desert Shield)
(1990년 8월 2일 – 1991년 1월 6일)

- 8. 2 : 공화국 수비대를 근간으로 한 이라크 5개 사단 10만의 병력으로 공격 개시
  쿠웨이트 : 총병력 2만, 전차 275대, 항공기 36대
- 8. 3 : 이라크, 쿠웨이트 전지역 점령

- 8. 8 : 미군, 최초 지상군 제82공정사단 1개 연대 사우디 도착
- 8월말까지 다국적군(Multi-National Force) 구성 : 동맹군도 아니고 합동사령부도 없음
- 8. 25 : 무력 제재조치의 일환으로 다국적군은 해상 봉쇄 실시
- 10월말 : 이라크군 병력 증강 – 쿠웨이트내 43만명 집결, 각종 시설

지하화, 보급품 비축, 방어진지 구축(벙커, 함정, 지하지대 등)
- 11. 27 : 유엔 안보리 최후 통첩 – 1991. 1. 15까지 이라크군 무조건 철수 요구 및 다국적군 무력사용 승인

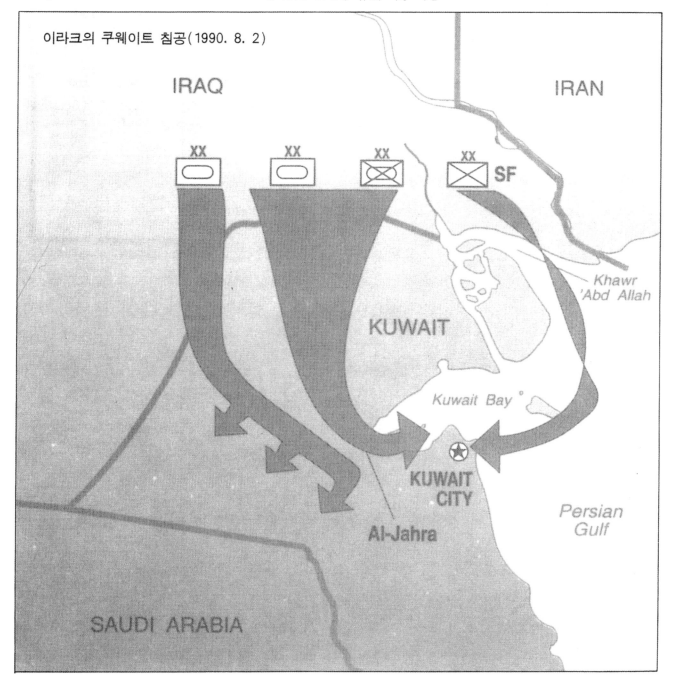

이라크의 쿠웨이트 침공(1990. 8. 2)

걸프 전쟁(II)

사막의 폭풍작전(Op. Desert Storm)
개요(1991년 1월 17일－2월 28일)

1. 양측의 작전계획
   가. 다국적군 : 지상군 피해를 최소화
   하면서 승리하기 위해 공군력 대
   량 투입
   - 제1단계 : 전략적 폭격단계－이
   라크의 전쟁 지휘체계 및 정보체
   계, 주요 공업시설 마비
   - 제2단계 : 방공망 제거단계－비
   행장, 대공 미사일체계, 조기경
   보 레이다 파괴
   - 제3단계 : 병참선 차단단계－이
   라크의 병참선 파괴 및 쿠웨이트
   내의 지상군 고립

   - 제4단계 : 지상작전단계－대우회
   기동으로 이라크군 포위격멸, 다
   국적 공군은 지상작전 지원
   나. 이라크군
   - 방어선 전방 : 지뢰지대 및 기름
   호 설치
   - 제1방어선 : 보병(징집병)
   - 제2방어선 : 기계화부대, 기갑부
   대
   - 제3방어선 : 최정예 공화국 수비
   대
   ＊이란과의 국교회복→병력 전환

2. 전투경과
   가. 제1－3단계 : 다국적 공군의 공격
   - 1. 17 03 : 00 전략 폭격 개시
   - 2. 22까지 제3단계 작전완료
   이 결과 이라크군의 지휘 및 통
   신체계가 와해되었으며, 쿠웨이
   트내 이라크군의 병참선이 차단
   되었고, 전투력이 크게 저하되었
   으며 특히 전방사단의 경우 50
   % 이하로 감소

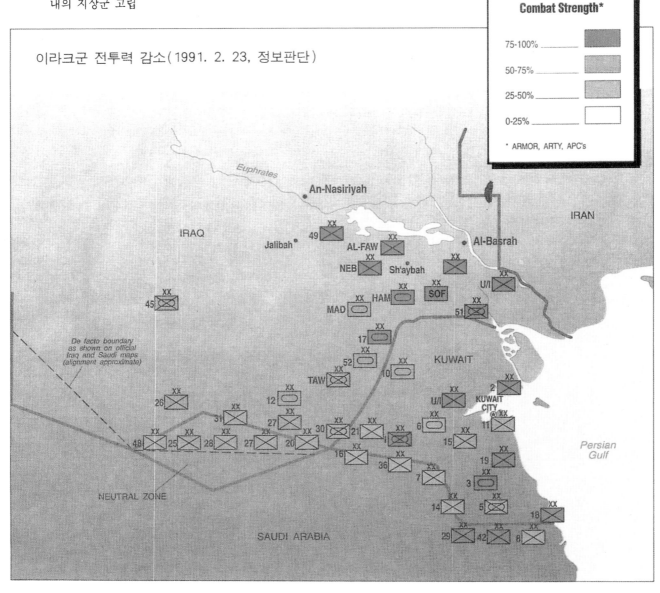

이라크군 전투력 감소(1991. 2. 23, 정보판단)

Combat Strength*

75-100%
50-75%
25-50%
0-25%

* ARMOR, ARTY, APC's

지상전 준비 및 다국적군 작전계획

1. 지상전 준비
   - Hail Mary Play : 1. 17부터 전투 대형 전개를 위해 기동작전 실시. 제7군단 및 제18공정군단(20만 명)이 대우회 기동을 위해 이라크 —사우디 아라비아 국경인 서쪽으로 이동(이동거리 : 제18 공정군단 250마일, 제7군단 150마일)
   - 기만 작전 : 쿠웨이트 해상에서의 상륙작전 연습. 쿠웨이트—사우디 아라비아 국경을 따라 적극적인 지상정찰 실시

   - 다국적군 부대배치 : 서쪽으로부터 5개의 작전지역으로 나누어 제18 공정군단-제7군단-북부 연합사령부(JFC—N : 범아랍군)—해병사령부(MARCENT : 미 중부군 예하, 군단 규모)—동부 연합사령부(JFC—E : 오만, 쿠웨이트군)

2. 다국적 지상군 작전계획
   - 제18공정군단 : 서쪽에서부터 이라크 영토 깊숙히 진격하여 쿠웨이트내 이라크군의 주병참선인 8번 고속도로를 차단하여 이라크군을 고립시

키고, 동시에 다국적군의 측면 및 배후의 위협 차단
   - 제7군단 : 주공부대로 이라크군의 포위망을 형성하여 쿠웨이트내 이라크군의 측후방 공격 및 후퇴하는 이라크군 격멸
   - 기타 : 쿠웨이트—사우디 아라비아 국경선에서 전면 공격을 실시

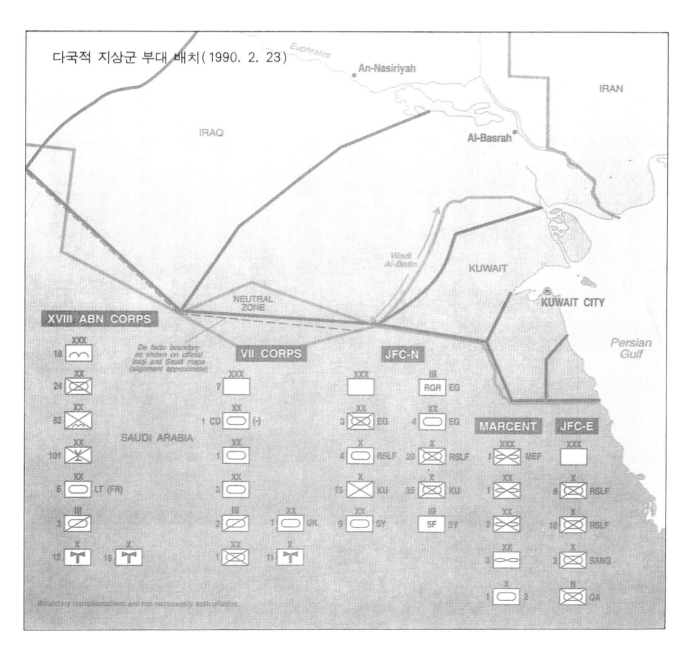

다국적 지상군 부대 배치(1990. 2. 23)

걸프 전쟁(Ⅳ)

지상작전 : G−1 및 G Day (2월 23, 24일)

- 2월 23일 08 : 00 공중강습작전(Op. Cobra)을 전개하여 제101 공중강습 사단이 전방 재보급기지 확보 및 아군의 측방보호를 위해 블랙호크 헬기로 공수 투하(부도 FOB Cobra 지역)

- 2월 24일 04 : 00 지상군 전면공격 개시
  - 해상의 해병부대가 양동 및 기만작전 전개.
  - 전부대들이 이라크 방어선을 돌파

하고 전진
  - 제18공정 군단은 제101공중강습 사단과 연결

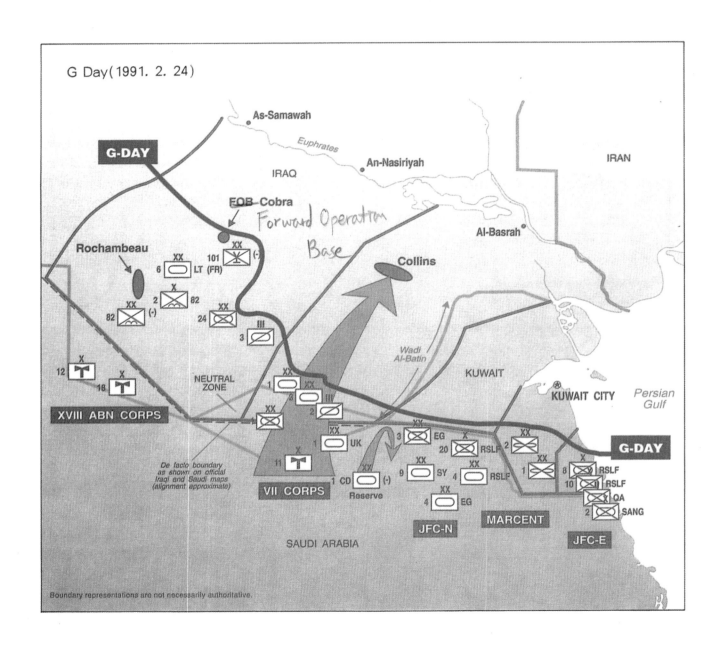

걸프 전쟁(Ⅴ)

지상작전 : G+1 Day(2월 25일)

- 동부지역인 쿠웨이트에서는 이라크군
  의 전열이 와해되기 시작
- 서부의 제18공정군단 제101공중강
  습사단의 1개 여단은 유프라테스강
  까지진격하여 이라크군의 병참선 차단

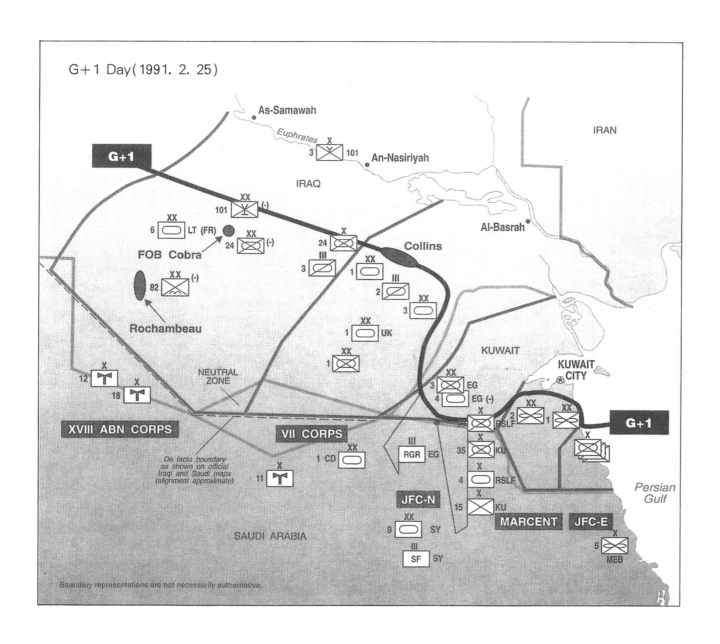

걸프 전쟁(Ⅵ)

지상작전 : G+2 Day(2월 26일)

- 전 전선에서 이라크군 주력 부대들이 급속히 와해
- 서북쪽으로 우회한 제18공정 군단과 제7 군단은 이라크군의 퇴로차단
- 남동부에서는 쿠웨이트 남부를 장악

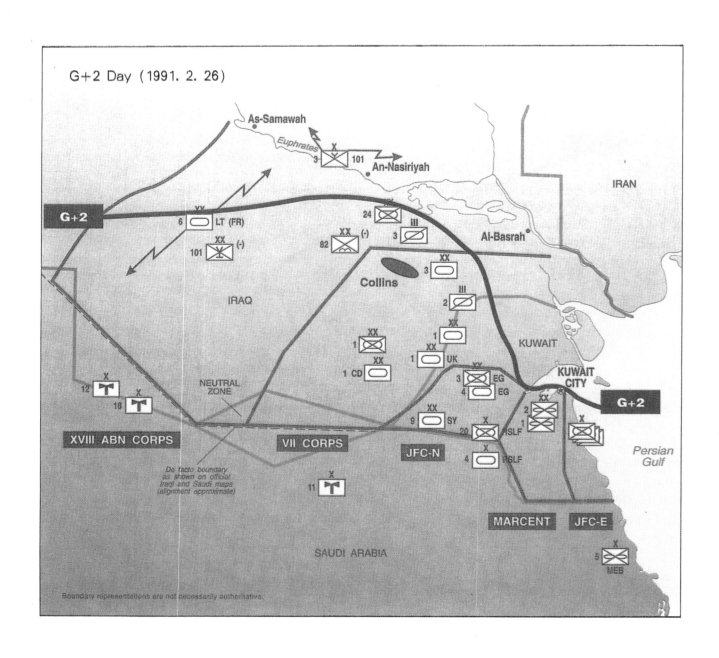

걸프 전쟁(Ⅶ)

지상작전 : G+3 Day(2월 27일)
및 종전

- 2월 27일
  - 제18 공정군단은 서쪽 및 이라크군의
    반격 대비
  - 제7군단은 유프라테스강까지 진격하
    여 이라크군에 대한 포위망 형성
    남동부에서는 쿠웨이트 완전 탈환, 부
    시 대통령은 쿠웨이트 해방 선언
- 2월 28일 – 다국적군 전투 중지
- 3월 3일 – 4월 6일 : 종전 협상
- 4월 10일 : 종전 선포

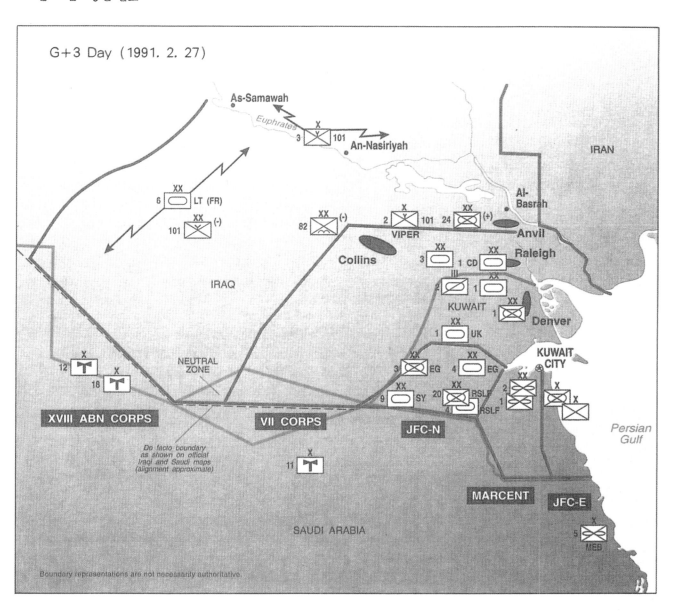

이라크 전쟁

1. 배경 및 개전까지의 경과

- '01. 9. 11, 9.11 테러 발생, 미국은 이라크를 테러 지원국으로 지목
- '02. 1. 29, 조지 부시(George W. Bush) 미국 대통령, 이라크의 대량 파괴무기(WMD) 개발이 세계평화와 미국의 안보에 위협이라고 주장하며, 이라크를 "악의 축(axis of evil)"으로 지명
- '02. 9. 19, 부시 대통령, 사담 후세인(Saddam Hussein) 이라크 대통령에게 WMD에 대한 UN 사찰 촉구, 필요시 후세인을 축출하기 위해 무력을 사용할 수 있는 권한 요구 (10. 11, 미국 의회 무력 사용 승인)
- '03. 1. 28, 부시 대통령, 미군에 준비태세 명령 하달
- '03. 2. 14, UN 특별조사단, 이라크에 대해 특별사찰을 실시하였으나 WMD 발견에 실패
- '03. 3. 18, 부시 대통령, 對후세인 무장해제 최후통첩

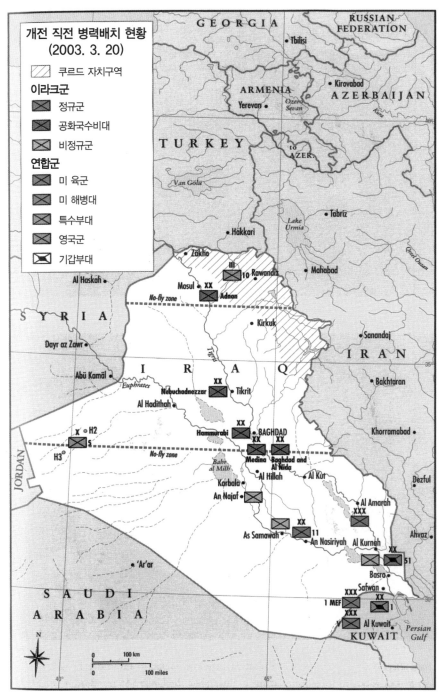

지도 출처: Williamson Murray and Robert H. Scales, Jr., *The Iraq War* (Cambridge and London: The Belknap Press of Harvard University Press, 2003)

2. 전쟁 준비 및 경과
가. 양측 군사력 비교
- 연합군: 294,803명(미국, 영국, 기타), 항공기 1,783대, 탱크/장갑차 1,800대, 공격헬기 200대, 항공모함 8척, 함정 120여척 등
- 이라크군: 429,0000명, 전투기 316대, 탱크/장갑차 5,900여대, 함정 18척

나. 이라크 자유 작전(Operation Iraqi Freedom)
- 제1단계: 전쟁 준비(Strategic Shaping)
  - 선제공격의 당위성 강조 및 국제사회의 여론 호조
  - 제공권 확보 및 이라크 방공능력 무력화
  - 전쟁연습 및 현지 적응훈련

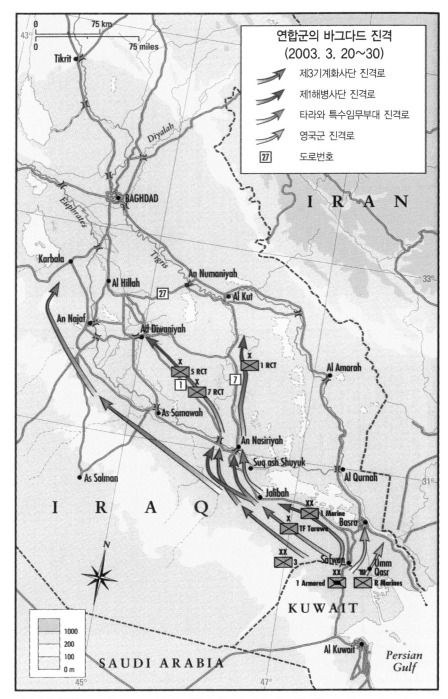

지도 출처: Williamson Murray and Robert H. Scales, Jr., *The Iraq War* (Cambridge and London: The Belknap Press of Harvard University Press, 2003)

171

– 제2단계 : 결정적 작전 (Decisive Operation)

- 3. 20, "참수(斬首) 작전" (Op. Decapitation), "충격과 공포 작전" (Op. Shock & Awe)
- 3. 25~4. 4, Plan "D", 先 남·북전선 형성, 後 바그다드 점령
- 4. 3, 후세인 대통령, 전 이슬람 세력에 대해 성전(聖戰)을 촉구하는 성명 발표
- 4. 5~9, 바그다드 전투 개시 및 장악, 북부지역으로 공습 전환
- 4. 10~14, 티크리트를 장악하고 주요 전투를 종결
- 5. 1, 부시 대통령, 종전 선언

– 제3단계: 안정화(Stabilization) 작전

- 연합군 사령부 및 예하부대 재배치
- 이라크 재건계획 시행

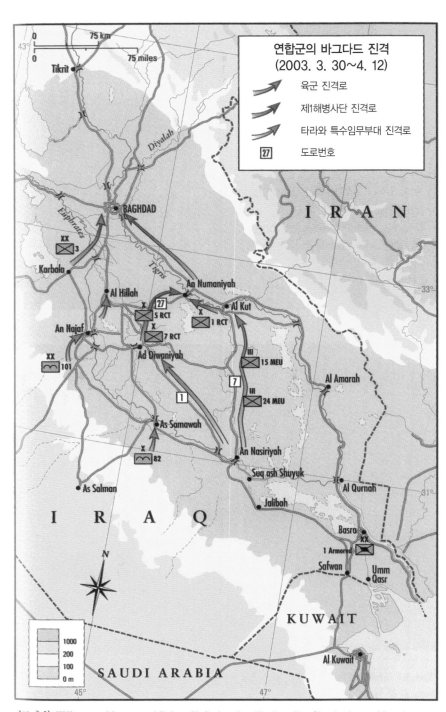

지도 출처: Williamson Murray and Robert H. Scales, Jr., *The Iraq War* (Cambridge and London: The Belknap Press of Harvard University Press, 2003)

172

3. 전쟁 결과

가. 인명 피해 (3. 20~5. 1)

- 연합군: 사망 147명(미군 117명, 영국군 30명), 부상 400여명
- 이라크군: 사망 2,320여명, 부상 13,800여명 추정
  * 민간인 피해: 1,253명 사망, 5,100여명 부상 추정

나. 정권 교체

- '03. 12. 13, 사담 후세인 체포, 이후 과도 내각 설립
- '05. 1. 15, 총선 실시

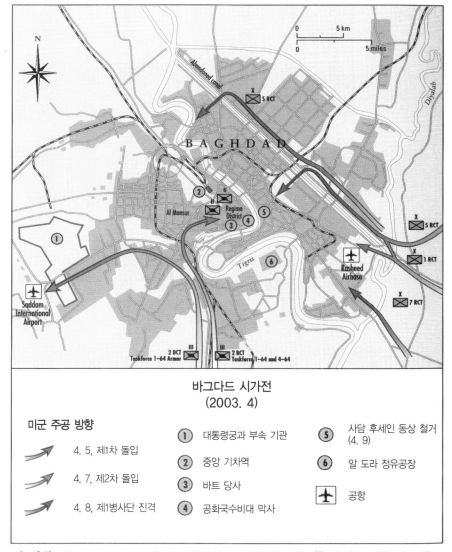

바그다드 시가전
(2003. 4)

미군 주공 방향

4. 5, 제1차 돌입

4. 7, 제2차 돌입

4. 8, 제1병사단 진격

① 대통령궁과 부속 기관

② 중앙 기차역

③ 바트 당사

④ 공화국수비대 막사

⑤ 사담 후세인 동상 철거 (4. 9)

⑥ 알 도라 정유공장

✈ 공항

지도 출처: Williamson Murray and Robert H. Scales, Jr., *The Iraq War* (Cambridge and London: The Belknap Press of Harvard University Press, 2003)

집 필 자

이충진 · 온창일 · 정토웅

김광수 · 박일송 · 임성빈

나종남 · 황수현 · 정상협

개정3판 세계전쟁사 부도

1쇄 발행 | 1996년 2월 29일

2쇄 발행 | 1997년 2월 28일

3쇄 발행 | 2002년 2월 25일

4쇄 발행 | 2005년 12월 21일

2판 1쇄 발행 | 2007년 1월 17일

2판 2쇄 발행 | 2009년 1월 15일

2판 3쇄 발행 | 2013년 2월 28일

개정 3판 1쇄 발행 | 2015년 1월 7일

지은이 | 육군사관학교 전사학과

펴낸이 | 金永馥

펴낸곳 | 도서출판 황금알

주간 | 김영탁

실장 | 조경숙

편집 | 칼라박스

표지디자인 | 칼라박스

주소 | 110-510 서울시 종로구 동숭동 201-14 청기와빌라 2차 104호

물류센타(직송 · 반품) | 100-272 서울시 중구 동 2가 124-6 1F

전화 | 02)2275-9171

팩스 | 02)2275-9172

이메일 | tibet21@hanmail.net

홈페이지 | http://goldegg21.com

출판등록 | 2003년 03월 26일(제300-2003-230호)

©2006 Korea Military Academy Dept. of Military History &

Gold Egg Pulishing Company Printed in Korea

값 25,000원

ISBN 89-91601-36-7-93390